【新型农民职业技能提升系列】

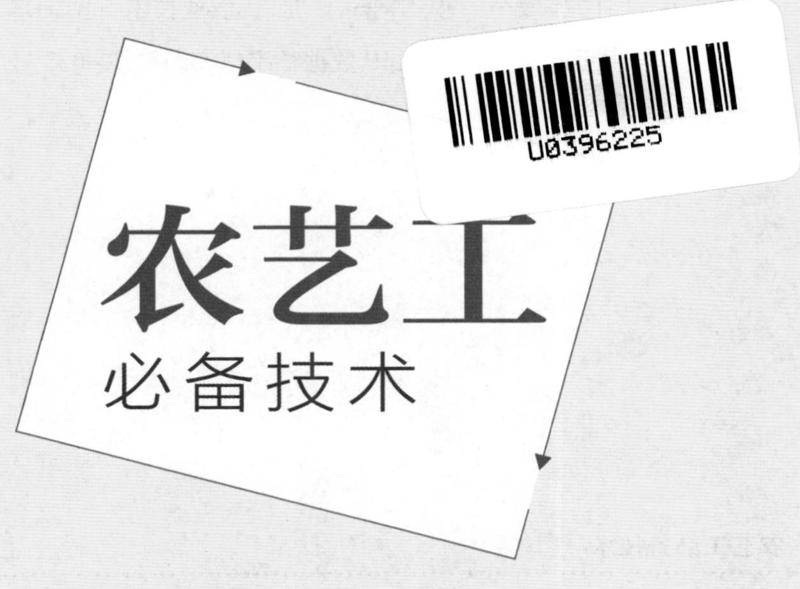

农艺工必备技术

主　　编　李　成

副 主 编　吕　凯　魏凤娟　朱贤东

编写人员　刘桂民　陶　芳　陈　磊　张立平　高正宝
尹必文　陈　洁　张兆冬　胡晓钟　荚恒刚
魏安季　曹明龙　刘庆友　张奋勇　张　强
王莉莉　柴道友　张　锋

时代出版传媒股份有限公司
安徽科学技术出版社

图书在版编目(CIP)数据

农艺工必备技术 / 李成主编. --合肥:安徽科学技术出版社,2022.12(2023.9 重印)

助力乡村振兴出版计划.新型农民职业技能提升系列

ISBN 978-7-5337-6923-9

Ⅰ.①农…　Ⅱ.①李…　Ⅲ.①农业技术　Ⅳ.①S

中国版本图书馆 CIP 数据核字(2022)第 200035 号

农艺工必备技术　　主编　李　成

出 版 人:王筱文　　选题策划:丁凌云　蒋贤骏　余登兵

责任编辑:高清艳　郑　楠　　责任校对:岑红宇

责任印制:廖小青　　装帧设计:冯　劲

出版发行:安徽科学技术出版社　　http://www.ahstp.net

(合肥市政务文化新区翡翠路 1118 号出版传媒广场,邮编:230071)

电话:(0551)63533330

印　　制:合肥华云印务有限责任公司　　电话:(0551)63418899

(如发现印装质量问题,影响阅读,请与印刷厂商联系调换)

开本:720×1010　1/16　　印张:10.5　　字数:142 千

版次:2022 年 12 月第 1 版　　印次:2023 年 9 月第 2 次印刷

ISBN 978-7-5337-6923-9　　定价:43.00 元

出版说明

“助力乡村振兴出版计划”（以下简称“计划”）以习近平新时代中国特色社会主义思想为指导，是在全国脱贫攻坚目标任务完成并向全面推进乡村振兴转进的重要历史时刻，由中共安徽省委宣传部主持实施的一项重点出版项目。

计划以服务乡村振兴事业为出版定位，围绕乡村产业振兴、人才振兴、文化振兴、生态振兴和组织振兴展开，由《现代种植业实用技术》《现代养殖业实用技术》《新型农民职业技能提升》《现代农业科技与管理》《现代乡村社会治理》五个子系列组成，主要内容涵盖特色养殖业和疾病防控技术、特色种植业及病虫害绿色防控技术、集体经济发展、休闲农业和乡村旅游融合发展、新型农业经营主体培育、农村环境生态化治理、农村基层党建等。选题组织力求满足乡村振兴实务需求，编写内容努力做到通俗易懂。

计划的呈现形式是以图书为主的融媒体出版物。图书的主要读者对象是新型农民、县乡村基层干部、“三农”工作者。为扩大传播面、提高传播效率，与图书出版同步，配套制作了部分精品音视频，在每册图书封底放置二维码，供扫码使用，以适应广大农民朋友的移动阅读需求。

计划的编写和出版，代表了当前农业科研成果转化和普及的新进展，凝聚了乡村社会治理研究者和实务工作者的集体智慧，在此谨向有关单位和个人致以衷心的感谢！

虽然我们始终秉持高水平策划、高质量编写的精品出版理念，但因水平所限仍会有诸多不足和错漏之处，敬请广大读者提出宝贵意见和建议，以便修订再版时改正。

本册编写说明

当前,我国的种植业仍是农业的主体,从事大田作物生产的群体大,从业人员的文化程度和生产技术水平参差不齐,很大程度上影响了种植业的良性发展,也限制了新技术、新成果的推广应用。

本书分初、中、高三级,详细讲解农田耕整、土壤改良、作物栽种、田间管理、收获贮藏、病虫草害防控等理论知识及生产实操技能,注重现代农业技术与实际操作技能的传授,强调对实际操作技能的指导。

除了文字、高清图片,本书还配有视频。视频内容包括生产现场真人演示和精彩动画演示,力求做到将枯燥的理论知识通俗化,复杂的技术轻简化,多维度、直观地向广大读者展现大田作物生产的前沿新理念、新成果和新技术。

本书适用于广大农村种植户及种植专业合作社等从事大田作物生产的相关人员和机构。我国地域广阔,鉴于各地生产条件差异较大、农作物种类繁多的实际情况,本书侧重选择了种植面积较大的农作物进行介绍。希望本书的出版能为培养新型职业农民,壮大新型职业农民队伍,促进农民增收,推进新农村建设、助力乡村振兴尽绵薄之力;也希望能为现代农业技术与技能培训积累些许可供借鉴的经验。

目　录

第一章 农艺工基础

第一节 土壤、肥料、气象与农药

本节为农艺工基础的土壤、肥料、气象与农药部分，主要内容包括土壤基础知识、肥料基础知识、农业气象要素、农药的安全使用。

一 土壤的基础知识

1. 土壤的概念与分类

土壤是陆地表面能生长绿色植物的疏松多孔结构表层，是农作物生长的基础。按国际制分类，土壤质地一般分为砂土类、黏土类和壤土类三种类型。

砂土类土壤通气性好，有机质分解快，保水保肥力差，养分易流失，养分一般比较贫乏，昼夜温差大。黏土类土壤透气性差，有机质分解慢，养分比较丰富，肥效长；这类土壤既不耐涝也不耐旱，但是比较耐肥。壤土类土壤的性质介于砂土和黏土之间，是水、肥、气、热状况比较协调的土壤。

（1）土壤肥力

土壤供给和协调农作物正常生长发育所需要的水分、养分、空气和热量的能力称为土壤肥力。土壤肥力分为自然肥力和人为肥力两种。

自然肥力是土壤在自然条件下变化发育而形成的，而人为肥力则是通过人为耕作、施肥、灌溉等技术措施而产生的结果。土壤肥力因环境条件的改变而不断发生变化，所以，提高土壤肥力的关键是科学地管理和利用好土壤，这样才能使土壤越种越肥。

受自然条件的限制，有些土壤是达不到栽培农作物的要求的，这就需要我们采取增施有机肥、深耕改土、轮作倒茬等相应的技术措施对土壤进行培肥和改良。

(2)土壤耕性

土壤耕性是指土壤在耕作时和耕作以后所表现出来的特性。

土壤耕性的好坏，可以用耕作难易程度、耕作质量好坏和宜耕期长短等指标来评价。一般耕性好的土壤耕作时阻力小，耕后松软、细碎，地面平整，雨后宜耕时间长；耕性差的土壤耕作时阻力大，耕后容易起土块，地面凹凸不平，雨后也只有一两天的宜耕期。

生产中，我们可以采取增施有机肥料或掺入砂质土改善土壤质地、少耕或免耕等措施来改善土壤耕性。

(3)土壤酸碱性

土壤酸碱性反映土壤溶液中各种化学成分的状况，通常用土壤溶液的pH来表示。pH在6.5~7.5的土壤为中性土壤，pH在6.5以下的土壤为酸性土壤，pH在7.5以上的土壤为碱性土壤。

土壤过酸或过碱都不利于农作物的生长。生产上，一般酸性土壤通过施用石灰、草木灰等来进行改良；碱性土壤用石膏、硫黄粉、明矾、腐殖酸肥料等来进行改良。

2. 高、低产田的土壤特征

高产土壤一般具有以下特征：地面平整、熟化土层深厚，结构性状良好，耕层中有机质和速效养分含量高，土性温暖，温度稳定性能比较强，渗水、保水性好，耕性好，适种性比较广。低产土壤一般表现为坡地冲蚀，土层浅薄，有机质和矿质养分少，质地过砂或过黏，层次结构不好，地

势低洼，含盐量大，过酸或过碱。

山地丘陵的旱坡地、南方地区的部分水稻地，沼泽地、北方地区的盐碱地、风沙地都属于中低产田，对于这些土地资源应当采取相应的改良措施，提高土壤肥力。

改良旱坡地土壤，首先必须采取水土保持措施，其次就是要采取有力的培肥措施。水土保持措施主要有植树造林、修筑梯田、筑高沟埂等；培肥措施主要有种植绿肥牧草、沟垄种植、秸秆覆盖、地膜覆盖等。

对于低产水田，可以通过修建水利设施、施肥改土、改良耕作方式、合理轮作等来进行土壤改良。

对于盐碱土，可以采取排水、井灌井排、灌溉洗盐等水利措施，以及种植绿肥牧草的生物措施和深翻耕、适时耕耙等耕作培肥措施来进行改良。

对于重盐化碱化的土壤，可以适当施用石膏、硫酸亚铁、硫酸、硫黄、腐殖酸类改良剂、土壤保墒增温抑盐剂等化学物质加以改良。

二 肥料的基础知识

1. 肥料的分类与特点

肥料是农作物生长的物质基础和养分来源之一，包括有机肥料、化学肥料两大类。

有机肥料又称农家肥，包括粪尿肥、堆沤肥、微生物肥、绿肥、杂肥等。有机肥料分解慢，但是肥效比较长，所以又被称为“迟效性肥料”。

化学肥料简称“化肥”，是用化学或物理方法人工制成的肥料。化肥多为水溶性或弱酸溶性，能直接被农作物吸收利用，而且养分含量比较高，肥效迅速。但是长期不合理施用化肥，不仅不利于农作物生长发育，而且会破坏土壤的理化性质，造成土壤板结。

2. 化肥的合理施用

化肥施用不当，不但起不到增产效果，反而会对农作物造成危害，导

致减产，所以，我们在施用化肥时，必须严格掌握用量和施肥期，防止肥害发生。

农作物肥害主要有脱水型肥害、熏伤型肥害、烧种型肥害和毒害型肥害四种类型。一次性施肥过多会引发脱水型肥害；施用碳酸氢铵、氨水等化肥会引发熏伤型肥害。种肥施用过多或用过磷酸钙、碳酸氢铵、尿素、石灰氮等化肥拌种会引发烧种型肥害。有些化肥如石灰氮等，施入土壤后，要经过一系列转化才能被农作物吸收，它在转化过程中会产生一些有毒物质毒害农作物，从而引发毒害型肥害。

三 农业气象要素

农业气象要素是农作物生长发育对气象条件的要求，主要包括温度、光照、水分等。

1. 温度

温度包括气温和土壤温度，适宜的温度是农作物生长发育和进行光合作用的必要条件之一。不同农作物对温度的要求有一定的差异，即使是同一种农作物，在不同生育阶段对温度的要求也各有不同。

每一种农作物都有维持生长发育的三基点温度，即最低温度、最适温度和最高温度。在最适温度范围内，农作物生命活动最强，生长发育最快、最好。如果温度达到或超过最高温度、达到或低于最低温度，农作物将会逐渐受害，直到死亡。

农作物生长发育还需要有一定的昼夜温差。昼夜温差大有利于农作物生长，加大昼夜温差，可以提高农作物的产量。昼夜温差对农作物生长所产生的效应称为温周期现象。生产上，我们可以根据温周期现象，适当调节播期，把农作物的成熟阶段尽可能地调整到当地昼夜温差最适宜的时期。

生产上，普遍用有效积温来表示农作物所需热量的总值。所谓有效

积温，指的是对农作物生长发育有效的温度；把高于生物学下限、低于生物学上限的温度累加起来，得到的温度总和就是有效积温。

2. 光照

光是农作物进行光合作用的能量来源，光照强度和光照时间直接影响农作物的产量与品质。农作物在不同生育阶段要求的光照强度有差异，一般苗期弱，成株期强。强光有利于农作物生殖器官的发育，弱光有利于农作物的营养生长。

日照的时间长短对植物的开花、结实和休眠等发育过程有很大的影响，这种现象称为光周期现象。根据光周期现象，我们把农作物分为长日照作物、短日照作物和中间性作物。

生产中，我们可以采取选育优良品种、发展间套复种，合理密植，实行宽窄行种植，采用地膜覆盖以及在田间铺反光膜等技术措施来提高植株的光能利用率。

3. 水分

水分是农作物生命活动不可缺少的重要组成部分，包括大气降水、人工灌溉水和土壤水分。

不同农作物对水分的要求不同，所要求的最适土壤含水量也有所不同。比如除水稻以外的禾谷类作物一般要求土壤含水量保持在田间持水量的60%~70%，而豆类作物和马铃薯对土壤含水量的要求则比较高，一般为70%~80%。

农作物在不同生育阶段对水分的要求不同，但是各种农作物的需水规律基本上是一致的，那就是苗期少、中期多、后期少。多数农作物苗期需水量比较少，一般占全生育期需水量的1/4左右；生产上一般不需要灌水，即使是水稻也采取干湿交替或浅水灌溉方式，才有利于秧苗的生长和分蘖。中期是器官形成期，这一时期是农作物的需水临界期，需水量最大。多数农作物中期需水量占全生育期的一半以上，对土壤含水量要求一般为田间持水量的70%~80%。后期是器官成熟期,农作物对水分的需求不断降低,一般要求土壤含水量保持在田间持水量的60%~70%。

适宜、有利的气温、光照、水分等气象条件可以使农作物生长发育良好,实现高产优质生产,但是,当这些气象因子的振幅与变化超过农作物正常生理活动的需求及可以忍耐的极限时,就会导致霜冻、干旱、洪涝、低温冷害、高温热害等农业气象灾害的发生,从而严重影响农业生产。

四 农药的安全使用

农药的安全使用贯穿整个运输、贮存和使用过程。

配制农药(图1-1)要远离水源和居民住宅区。配药人员应当穿必要的防护服,戴上胶皮手套、口罩,避免皮肤与农药接触或吸入粉尘、烟雾等;不能用手直接接触药液,更不要将手臂伸入药液中去搅拌;要用专用量具,严格按照说明书中规定的剂量量取农药,不能用瓶盖量取农药或用装饮用水的桶配药;在配制液体农药时,要选用干净的江、河、湖、溪和沟塘里的水,尽量不用井水,更不能使用污水、海水或咸水。

图1-1 配制农药

需要用水稀释的农药应当采用二次稀释法配制，就是先用少量水将农药稀释成母液，再加水将母液稀释至所需要的浓度，千万不能直接将药剂倒入大量的水中。

在打开农药瓶塞或包装时，脸要避开瓶口或袋口。药剂倒入药箱后，要轻轻搅匀，防止动作过猛使药液溅出污染皮肤。配药人员不能用瓶盖倒药或用饮用桶配药；不能用盛药水的桶直接下沟河取水；不能直接用手拌药，应当戴胶皮手套操作或用工具搅拌。拌过药的种子尽量用机具播种，如果用手撒播，务必要戴上胶皮手套。

处理粉剂和可湿性粉剂时，操作人员应当站在上风处，并且将袋口尽量接近水面，防止粉尘飞扬。

在田间施药的时候，施药人员必须穿长衣、长裤和防护服，戴好帽子、口罩和防护手套，穿上胶鞋，有条件的要尽量戴防毒面具。

田间施药要选派身体强壮的青壮年劳力去作业。凡是年老多病、有病还没有恢复、对农药过敏、皮肤损伤还没有愈合的人，处在孕期、哺乳期和经期的妇女以及未成年人等特殊人员，均不能喷施农药。

施药过程中，施药人员不能用手擦汗及擦拭嘴、眼睛等，不能抽烟、喝酒、喝水或吃东西。

施药应当尽量选择在晴天无雨、三级风以下的天气条件下作业。三级风以上、下雨天都不能施药；有露水时不能喷药；喷雾或喷粉时，最好选择无风天。

夏季，应当在上午10点之前，下午3点之后喷药，避开中午高温时间段。施药人员每天的工作时间尽量不要超过6个小时，连续施药不能超过5天，施药3~5天后应当休息一天。

药械一般要求专用。使用背负式喷雾器时，应当在背部垫一层塑料布，防止桶内药液溢出，浸湿衣服，污染皮肤。药桶也不能装得太满，药液一般不超过药桶容积的3/4。一旦药械出现故障，应当及时维修，不能用有滴、冒、跑、漏现象的喷雾器施药，更不能直接用嘴吹、吸喷嘴。

施药结束后，药械要及时清洗。清洗药械要避开人畜饮用水源。清洗药械的污水不能随地泼洒，应当进行深埋处理或倒在远离居民点、水源和有农作物的地方。施药剩余的农药、毒土、毒饵等要妥善处理和保管，剩余的毒种应当及时销毁，不能用作口粮。用过的药瓶和包装袋，应当进行深埋或焚毁处理，千万不能随意丢弃，更不能用来盛装粮油、食品、饮料和饲料等。

每次施药作业结束后，施药人员都应当立即脱下防护服和其他防护用品，装入事先准备好的塑料袋中带回处理。到家后，施药人员应先用肥皂将手和脸清洗干净，再及时洗澡并更换干净的衣服；带回的防护服和手套等其他防护用品，应当彻底清洗2~3遍，放阳光下晾晒。

农药必须单独贮存，不得和粮食、种子、饲料、豆类、蔬菜及日用品等混放，也不能与烧碱、石灰、化肥等物品混放，禁止把汽油、煤油、柴油等易燃物放在农药仓库内。农药堆放时，要分品种堆放，严防破损、渗漏。

第二节 农作物害虫与病害

本节为农作物害虫与病害部分，主要包括农作物害虫的基础知识和农作物病害的基础知识两大方面的内容。

一 农作物害虫的基础知识

农作物害虫是指那些为害农作物的昆虫。

1. 昆虫的形态

昆虫的成虫体躯都明显地分为头、胸和腹三个体段。头部是昆虫的

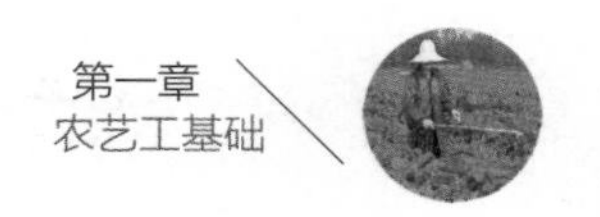

感觉和取食中心，胸部是昆虫的运动中心，腹部是昆虫新陈代谢和生殖的中心。

昆虫的头部一般都有一对触角，位于头部前方或额的两侧，起着触、嗅、听等作用。触角常作为识别昆虫种类和区分性别的重要依据。比如，蝇类为具芒状触角（图1–2），鳃金龟科昆虫具有鳃片状触角（图1–3）；小地老虎雄蛾的触角为双栉齿状（图1–4），雌蛾的触角为丝状（图1–5）。

图1–2　蝇类的具芒状触角

图1–3　鳃金龟科昆虫的鳃片状触角

图1-4　小地老虎雄蛾的双栉齿状触角

图1-5　小地老虎雌蛾的丝状触角

昆虫成虫的眼(图1-6)是昆虫的视觉器官,有复眼和单眼两种。昆虫一般都有一对复眼,位于头部的侧前方或侧上方,由一个至多个小眼组成,外形比较大,形状有圆形、卵圆形、肾形等,能分辨光的强度、波长和近距离物体的形状。单眼分为背单眼和侧单眼。背单眼位于昆虫头部额区或头顶,侧单眼位于头部两侧的颊区。背单眼只能感觉光的强弱与方向,不能成像,也不能分辨颜色。

图1-6　昆虫的眼

口器是昆虫的取食器官，根据昆虫食性和取食方式不同，口器可分为咀嚼式（图1-7）、刺吸式（图1-8）、虹吸式、舐吸式、锉吸式（图1-9）、嚼吸式等多种类型。农作物害虫的口器主要有咀嚼式、刺吸式和锉吸式三大类。

图1-7　咀嚼式口器

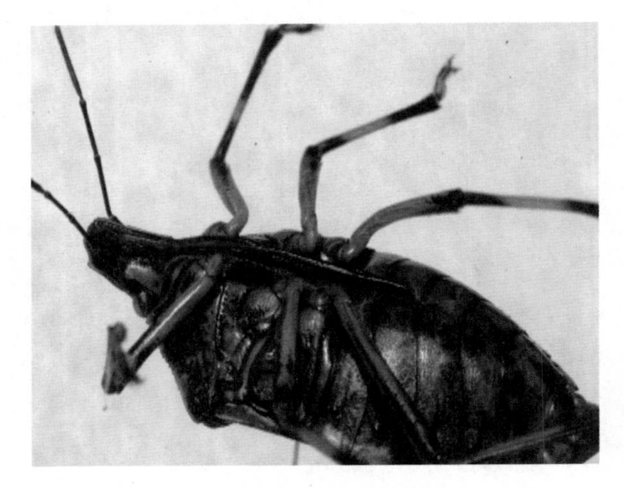

图1-8 刺吸式口器

图1-9 锉吸式口器

昆虫的胸部是体躯的第二体段,由前胸、中胸和后胸3个体节组成。每一胸节各有1对胸足,分别称为前足、中足和后足。昆虫的胸足有步行足、跳跃足、捕捉足、游泳足、携粉足、开掘足等多种类型,可以以此来识别昆虫。多数昆虫的成虫在中胸和后胸上还各有1对翅,分别称为前翅和后翅。昆虫在幼体时期是没有翅的。昆虫的翅分为膜翅(图1-10)、鞘翅(图1-11)、半鞘翅(图1-12)、鳞翅(图1-13)等多种类型。

图1-10　膜翅

图1-11　鞘翅

图1-12　半鞘翅

图1-13　鳞翅

昆虫的腹部是体躯的第三体段，一般由9~11节组成；腹腔里面包藏着主要的内脏器官；腹部末端长有外生殖器。有些昆虫还长着1对尾须。

2. 昆虫的生物学特性

昆虫的生物学特性包括昆虫的繁殖、发育和行为习性等。

(1)昆虫的繁殖方式与发育特点

昆虫的繁殖方法多种多样，根据受精的机制，可以分为两性生殖和孤雌生殖；根据产出子代的虫态，可以分为卵生和胎生；根据每卵产生子代的个数，可以分为单胚生殖和多胚生殖。

昆虫从卵孵化开始至成虫性成熟的发育过程中，外部形态和内部构造等会发生阶段性变化，称为变态。昆虫的变态分为表变态、原变态、不完全变态和完全变态四大类，以不完全变态和完全变态最为常见。

不完全变态昆虫一生只经历卵、若虫和成虫3个阶段，若虫的外部形态和生活习性与成虫相似，只是在个体大小、翅及生殖器官等方面存在差异，如蝗虫、叶蝉、飞虱等就属于这类变态。完全变态的昆虫一生经历卵、幼虫、蛹、成虫4个阶段，幼虫在外部形态和生活习性上与成虫截然不同，如螟虫、棉铃虫、黏虫等都属于这类变态。

昆虫个体的生命活动从受精卵开始，从产下卵到孵出幼虫或若虫所经历的时间称为卵期。从卵孵化为幼虫或若虫到变成蛹或成虫之前的整个发育阶段,称为幼虫期。

幼虫期是昆虫一生中的主要取食危害时期。幼虫要经过多次蜕皮,以增长身体。蜕皮的次数因昆虫的种类而异,一般蜕皮4~5次。从卵孵化到第一次蜕皮前的幼虫称为第一龄幼虫,以后每蜕皮一次就增加一龄。两次蜕皮之间所经历的时间称为龄期。

一般在2、3龄前的幼虫食量小,活动范围小,抗药力差;而高龄幼虫食量大,危害重,抗药力强。因此,害虫防治的关键期一般在昆虫低龄阶段。

完全变态的幼虫老熟后就停止取食,体躯逐渐缩短、变粗,活动减弱,寻找适当场所进入化蛹前的准备阶段,称为预蛹。预蛹脱去最后一次皮变成蛹的过程,称为化蛹。从化蛹起到变为成虫所经历的时间,称为蛹期。

昆虫的蛹,从外观上看静止不动,但实际上其内部正进行着幼虫器官解体和成虫器官形成的激烈的生理变化,而最终发育为成虫。所以我们可以根据蛹在发育过程中的颜色及外部特征的变化,将蛹分级,进行成虫发生期预测。

不完全变态昆虫的末龄若虫蜕皮变为成虫或完全变态昆虫的蛹脱去蛹壳变为成虫的阶段,称为羽化。成虫从羽化起直到死亡所经历的时间,称为成虫期。成虫期是昆虫的繁殖期。有些昆虫羽化后,生殖器官已经成熟,不需要取食就能交配、产卵,这类昆虫的成虫期是不危害作物的,如三化螟、玉米螟等,它们的寿命往往较短,雌虫产卵后不久就会死亡。有些昆虫羽化后生殖器官还没有完全成熟,需要继续取食一段时间,补充足够的营养,才能达到性成熟。这类昆虫的成虫寿命比较长,对农作物危害性也比较大,如金龟子、叶蝉等。

大多数昆虫雌、雄成虫个体的形态相似,只有外生殖器等第一性征不同。但也有少数昆虫的雌、雄个体除第一性征不同以外,在体形、色泽以及生活行为等第二性征方面也存在着差异。例如,独角犀、锹形虫的雄虫，头部具有角状突起或特别发达的上颚，而雌虫则没有；介壳虫的雌虫无翅，而雄虫有翅。像这样雌、雄两性在形态上有明显差异的现象，称为雌雄二型。也有些昆虫，在同一时期、同一性别中，存在两种或两种以上的个体类型，称为多型现象。如飞虱有长翅型和短翅型个体，蚜虫分有翅型和无翅型个体等。

(2)昆虫的习性

昆虫的习性主要体现在食性、趋性、假死性、群集性、扩散与迁飞性等几个方面。掌握昆虫的习性，可以为我们制定控制害虫的策略提供重要依据。

昆虫的食性分为植食性、肉食性、腐食性和杂食性四大类。植食性昆虫以植物活体为食，大约占已知昆虫种类的45.6%；这些昆虫中，少数是农作物的害虫。根据植食性昆虫取食植物种类的多少，又可以将植食性昆虫分为单食性、寡食性和多食性三种类型。单食性昆虫只取食一种植物；寡食性昆虫能取食几种植物，一般只取食一科或近缘科的多种植物；而多食性昆虫能取食不同科、属的许多种植物。肉食性昆虫以其他昆虫或动物的活体为食，大约占已知昆虫种类的37.1%；按取食方式不同，可以分为捕食性和寄生性两种。捕食性昆虫是捕捉其他昆虫或动物作为食物的昆虫，如七星瓢虫；寄生性昆虫是指寄生于其他昆虫或动物的体表或体内的昆虫，如赤眼蜂。杂食性昆虫既取食植物性食物，又取食动物性食物，如蚂蚁。

趋性指的是昆虫对外界刺激或趋或避的反应，趋向刺激源来源称为正趋性，避开刺激源来源称为负趋性。按刺激源的性质，趋性可分为趋光性、趋化性和趋温性等。利用昆虫的趋性特性，我们在害虫的综合防治中，可以采用灯光、色板、热源、化学物质等配合其他措施来诱测、诱杀害虫。

假死性指的是昆虫遇到惊扰时，身体蜷曲、停止活动，或从植株上坠

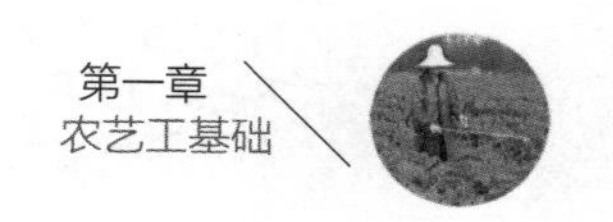

落到地面装死的现象，是昆虫逃避敌害的一种自卫反应。假死昆虫经过一段时间后，就会恢复活动。利用昆虫的假死性，我们就可以采用振落法捕杀金龟子、黏虫的幼虫等具有这种习性的害虫。

群集性是指同种昆虫的大量个体高密度地聚集在一起的习性，它是害虫防治可以利用的重要习性。昆虫的群集性有临时群集和永久群集两种：临时群集只发生在某一虫态和某一段时间内，过后群体就分散，如二化螟初龄幼虫群集在一起，老龄时则分散为害；永久群集是指昆虫终生群集在一起，而且群体向同一方向迁移或做远距离迁飞，如群居型飞蝗。

扩散是指昆虫在个体发育中，为了取食、栖息、交配、繁殖和避敌等，在小范围内不断进行的分散行为。如菜蚜在环境条件不适时，有翅蚜会在蔬菜田内扩散或向邻近菜地转移，对这类害虫，应当在扩散前进行防治。

迁飞是昆虫在一定季节内、一定的成虫发育阶段，有规律地、定向地、长距离迁移飞行的行为。东亚飞蝗、黏虫、褐飞虱、稻纵卷叶螟等都具有这一习性。

二 农作物病害的基础知识

农作物病害的诊断分为田间观察与症状诊断、室内病原鉴定两大步骤。通过田间观察，初步判断病害类别；对于症状表现不明显、难以鉴别的病害，必须进行连续观察或人工保温、保湿培养，使症状充分表现后，再进行诊断。

（1）非侵染性病害的诊断

非侵染性病害由不良环境引起，一般在田间表现为较大面积的同时均匀发生，没有逐步传染扩散的现象；除少数由高温或药害等引起局部病变（如灼伤、枯斑）外，通常发病植株表现为全株性发病，从病株上看不到任何病征。非侵染性病害的诊断有时比较复杂，诊断时一般可以依据以下特征：①独特的症状，病部没有病征；②田间往往大面积同时发生，没有明显的发病中心；③病株表现症状的部位有一定的规律性；④与发病因素密切相关，如果采取相应的措施，改变条件，植株一般可以恢复健康。

(2)真菌病害的诊断

真菌病害的主要症状是坏死、腐烂、萎蔫，少数为畸形。在发病部位常出现霉状物、粉状物、锈状物、粒状物等病征。我们可以根据症状特点，结合病征的出现，用放大镜观察病部的病征类型，确定真菌病害的种类。如果病部表面病征不明显，可以将病部组织用清水洗净后，经保温、保湿培养，在病部长出菌体后制成临时玻片，用显微镜观察病原物形态。

(3)细菌病害的诊断

细菌病害的症状主要是斑点、溃疡、萎蔫、腐烂及畸形等。多数叶斑受叶脉限制呈多角形或近圆形。初期病斑呈水渍状或油渍状，边缘常有褪绿的黄色晕圈。多数植物在细菌病害发病后期，在潮湿条件下，病部的气孔、水孔、皮孔及伤口处会溢出黏状物，这是细菌病害区别于其他病害的主要特征。腐烂型细菌病害还有一个重要特点：腐烂组织黏滑，并且往往有臭味。

(4)病毒病害的诊断

植物患病毒病有病症没有病征。病症多表现为花叶、黄化、矮缩、丛枝等，少数为坏死斑点。感病植株多为全株性发病，少数为局部发病。在田间，一般心叶首先出现症状，然后扩展至植株的其他部分。此外，随着气温的变化，特别是在高温条件下，病毒病常会发生隐症现象，也就是植物虽然已经感染病毒，但是外观上不表现出病态。

病毒病害的症状容易与非侵染性病害的症状混淆，诊断时要仔细观察和调查，注意病害在田间的分布，综合分析气候、土壤、栽培管理等与发病的关系，病害扩大与传毒昆虫的关系等。必要时还需进行汁液摩擦接种、嫁接传染或昆虫传毒等接种试验，以便验证它的传染性，这是诊断

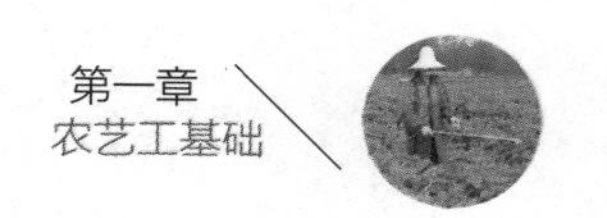

病毒病害的常用方法。

(5)线虫病害的诊断

线虫多数引起植物地下部发病,线虫病害通常会引发缓慢的衰退症状,很少有急性发病。症状通常表现为植株矮小、叶片黄化、根部生长不良,以及形成虫瘿、肿瘤、根结等。鉴定时,可剖切虫瘿或肿瘤部分,用针挑取线虫制片或用清水浸渍病组织,或做病组织切片镜检。有些植物线虫不会使植物形成虫瘿和根结,可通过漏斗分离或叶片染色法检查。必要时可用虫瘿、病株种子、病田土壤等进行人工接种。

农作物病害的症状十分复杂,所以,我们在诊断的时候,要注意防止混淆病原菌和腐生菌,要仔细区分病害、虫害和伤害,要防止混淆侵染性病害和非侵染性病害,防止发生误诊而贻误防治时机。

第三节　综合防治的主要措施

本节为综合防治的主要措施部分,内容包括农作物的种植制度、农作物的土壤耕作、收获与贮藏的基础知识、常用农机具维护、农作物种子质量与检验。

一　农作物的种植制度

种植制度是一个地区或生产单位的农作物组成、配置、熟制与间作、套种、轮作等种植方式的总称,主要包括农作物的布局和农作物的各种种植方式。

1. 农作物的布局

简单地说,农作物的布局是指农作物的地域分布。自然条件、农产品的社会需求、农产品价格、社会经济发展水平、农业科学技术的发展等因素都直接影响农作物的布局。

合理布局农作物，必须遵循几个基本原则：要统筹兼顾，合理安排；要根据农作物的品种特性，因土因地种植；要适应当地的生产条件，缓和资源矛盾；要用地养地相结合，实现可持续发展；要农林牧结合，实现农业全面发展。

2. 农作物的种植方式

农作物的种植方式包括单作、间作、套作、混作和复种共五种。

单作也称清种，是在一块地上，一年或一季只种一种作物的种植方式。

间作是在同一块地上成行或成带地相间种植两种或两种以上生育期相近的农作物。

混作是在一行上种植两种或两种以上生育期相近的农作物。

混作与间作都是充分利用空间的种植方式，区别就在于间作主要是充分利用行间距，混作主要是充分利用株间距。

套作是在前茬农作物生育后期或收获之前，在前茬农作物行间播种或栽植另一种农作物，这是提高土地和光能利用率的有效种植形式。

复种是在同一块地上、在同一年内种植两季或两季以上生育季节不同的农作物。复种程度通常用复种指数来表示，复种指数是指全年内农作物收获总面积与耕地面积的百分比。

3. 轮作换茬

合理轮作换茬能均衡地利用土壤养分，改善土壤的理化性状，减轻病虫草害，有利于合理利用农业资源。

在一定年限内、在同一块地上按一定的顺序轮换种植不同农作物或同一种农作物轮换地种植称为轮作。我们把轮作中的前茬作物和后茬作物的轮换，称为换茬或倒茬。如果在同一块地上，连年种植同一种农作物或采用相同的复种方式，那就是连作，也叫重茬。

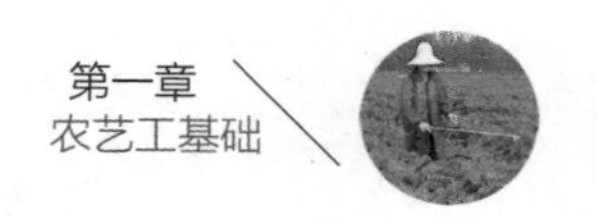

不适当的连作会导致农作物病害高发、产量锐减、品质下降。不能连作的农作物有马铃薯、番茄、烟草、大豆、向日葵等。可以短期连作的农作物有甘薯等；比较耐连作的农作物有水稻、玉米、麦类及棉花等。

二 农作物的土壤耕作

土壤耕作包括基本耕作、表土耕作、少耕和免耕等几种耕作方式。

1. 基本耕作

基本耕作是指入土比较深，作用比较强烈，能显著改变耕层物理性状，后效比较长的土壤耕作措施，包括翻耕、深松耕和旋耕等。

翻耕又称犁地，所用农具主要有铧式犁、轻型犁、深耕犁和双向犁等，以铧式犁应用最为广泛。在南方水稻种植区也有应用圆盘犁、机耕船进行翻耕的。大田生产的翻耕深度，一般旱地以20~25厘米，水田以15~20厘米比较适宜。

深松耕是用无壁犁、深松铲或凿形铲等对耕层进行全田的或间隔的深位松土，只疏松土壤而不翻转土层，深度一般可以达到30厘米，最深可以达到50厘米；适合于干旱、半干旱地区和丘陵地区，以及耕层土壤为盐碱土、白浆土的地区。

旋耕用旋耕机作业，水田、旱田整地都可以用旋耕。旋耕在实际生产中一般耕深只有10~12厘米，适宜与翻耕轮换应用，作为翻耕的补充作业。

2. 表土耕作

表土耕作是在基本耕作的基础上采取的入土比较浅、作用强度比较小的耕作措施，包括耙地、耱地、中耕、镇压、开沟作畦、起垄等。耙地是在收获后、翻耕后、播种前甚至是播种后出苗前或幼苗期进行，深度一般在5厘米左右。

耱地又称耢地，是指耙地之后的平土、碎土作业，一般作用于表土，深度为3厘米左右。耱地多用于半干旱地区的旱地和干旱地区的灌溉土地,多雨地区或土壤潮湿时不能采用。

中耕是在农作物生长过程中所采取的表土耕作措施,能起到疏松土壤、改变土壤理化性状、提高地温、消灭杂草的作用。

镇压是将重力作用于土壤表层的耕作措施,一般镇压作用深度为3~4厘米,重型镇压器可以达到10厘米。土壤水分含量是否适宜是能否进行镇压作业的决定因素,土壤过湿不能进行镇压,否则会造成土壤板结。

畦是用土埂、沟或走道分隔成的作物种植小区,作畦有利于灌溉和排水。生产中主要有两种作畦方法。北方水浇地上种小麦作平畦,畦长10~50米,畦宽2~4米,为播种机宽度的倍数;四周作宽约20厘米、高15厘米的畦埂。南方种小麦、棉花、油菜、大豆等旱作物时常筑高畦,畦宽2~3米、长10~20米,四面开沟。

起垄是垄作栽培的一项主要作业。垄用犁开沟培土而成,垄宽一般50~70厘米,视当地的耕作习惯、种植农作物及所用工具而定。

3. 少耕和免耕

少耕指在常规耕作基础上尽量减少土壤耕作次数或在全田间隔耕种、减少耕作面积的一类耕作方法。免耕指农作物播种前不用整地,直接在茬地上播种,在播后和农作物生长期间也不用农具进行土壤管理的耕作方法。

少耕、免耕不是简单地减少耕作环节与次数或免除耕作,而是多种先进技术综合运用的结果。在生产中运用时,要综合考虑气候条件、土壤条件、地形部位、熟制、生产条件等因素,做到因地制宜。

4. 农田灌溉与排水

农业生产中采用的主要灌溉方法有地面灌溉、地下灌溉、喷灌和滴灌四类,其中地面灌溉又分为畦灌、沟灌和淹灌。生产中,应当根据农作物种类、地形、土壤类型、水源状况和经济条件等,选择适宜的灌溉方式。

农田排水的目的在于排除地面积水和耕层土壤中多余的水分,有明

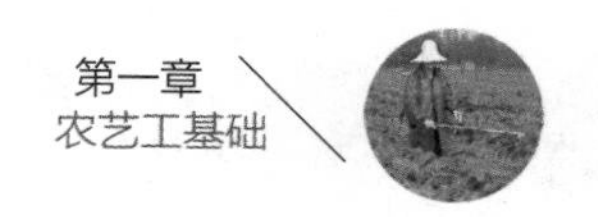

沟排水和暗沟排水两种方式。明沟排水是在田面上每隔一定的距离开沟排水，明沟排水系统一般由畦沟、腰沟和围沟三级组成。暗沟排水是通过农田下层敷设的暗管或开挖的暗沟排水。

三 收获与贮藏的基础知识

1. 农作物收获

任何一种农作物都要求适期收获，收获过早或过晚都会降低产量和品质。一般来说，禾谷类、豆类作物的收获适期是在黄熟期；棉花应该在棉铃吐絮后分批分期收获。甘薯等收获地下块根、块茎的作物，没有明确的成熟期，应当根据当地的气候条件、产品用途等灵活把握；一般以地上茎叶停止生长、叶片发黄、薯块膨大停止为收获适期。

农作物的收获方法因种类而异：一般禾谷类作物和豆类作物多采用刈割法，可以人工刈割，也可以用联合收割机等机械收割；棉花等多采用摘取法，可以人工采摘或机械收花；薯类作物多采用挖取法，同样可以采取人工或机械收获。

2. 农产品与种子贮藏

农作物产品收获后应当根据用途及时贮藏。禾谷类作物、油料作物和棉花等产品收获后，要立即晒干，扬净后贮藏；而甘薯收获后通常贮藏在大屋窖、地窖内。

农作物种子的安全贮藏条件包括几个方面：种子含水量要低；周围环境的温度和湿度要低；通风条件要好；种子成熟度要好；种子清洁度要高。

一般禾谷类作物种子贮藏的安全水分含量为13%~14%，油料作物种子贮藏的安全水分含量为8%~9%。在种子达到安全水分标准时，禾谷类作物和油料作物种子贮藏时，堆内的温度应当保持在20℃以下，空气相对湿度应该在50%~60%。而甘薯贮藏的最适宜温度为10℃~15℃，空气相对湿度为80%~90%。

四 常用农机具维护

生产中，常用的农机具包括耕整机械、种植机械、中耕机械、收获机械、植保机械以及农副产品加工机械等。

为了保证各种农机具工作状态良好，我们需要做好日常维护工作。这里我们向大家介绍南方油菜产区大力推广的油菜收割机的维护方法。

油菜收割机的维护包括班次维护和季后维护。

1. 班次维护

每次作业完毕，要注意清除割台，脱粒装置的凹板筛、振动筛及输送槽等部位上的碎草及油菜茎秆碎屑。

每个班次要清洗一次发动机的空气滤清器，重点清除空气滤清器的集尘盘和滤网上的灰尘。收割机每次使用完之后，还要检查发动机水箱里的冷却水是否充足，进、出水管是否完好及有无漏水现象。此外，每星期还要对传输皮带的张紧程度进行检查和调整。

2. 季后维护

一个季节的收割工作结束后，要对整机进行一次全面的维修保养，这样不但可以延长收割机的使用寿命，而且能保证下一季的正常使用。季后维护：在收割机的各个传动轴轴承上加注新鲜的润滑油；全面检查各部位的易磨损零件，必要时修复或更换；卸下收割机上所有的皮带；将机器停放在干燥通风处。

五 农作物种子质量与检验

1. 农作物种子质量

农作物种子质量包括品种品质和播种品质两个方面：品种品质是指

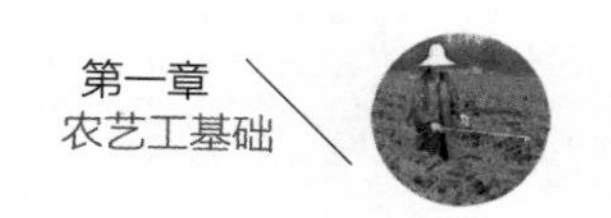

种子的内在品质，包括种子的真实性和品种纯度；播种品质指种子的外在品质，通常指种子的净度、发芽率、含水量、生活力、千粒重等。

品种纯度指的是品种在特征特性方面典型一致的程度，用本品种的种子数占供检本作物样品种子数的百分率表示。

种子净度是指种子清洁、干净的程度，用样品中除去杂质和废种子以后留下的完好种子占样品种子质量的百分率表示。

种子发芽率是指种子发芽终止时，全部正常发芽的种子粒数占供测种子总粒数的百分率。

种子含水量是指种子所含水分的质量占种子质量的百分率；含水量过大，会增强呼吸作用，引起种子发热变质和病虫侵害。

不同等级的种子以纯度、净度、发芽率、水分这四项指标来划分。以玉米大田用种为例，要求纯度97%、净度99%、发芽率85%、含水量13%。

2. 农作物种子检验

利用感官和仪器测定等方法对农作物种子进行质量鉴定的过程称为种子检验。种子质量检验分为抽样、检测和结果报告三个步骤，其中检测的项目包括净度分析、发芽试验、水分测定、生活力测定、重量测定、种子健康测定及真实性和品种纯度。

列入我国种子检验规程的种子生活力测定方法是生化染色法，就是用2,3,5-三苯基氯化四氮唑（简称“四唑”）的无色溶液作为指示剂，根据胚和胚乳组织的染色反应来区别种子有无生活力，显红色的为有生活力的种子，不显红色的为无生活力的种子。

经过一系列的检验程序之后，要求将抽样与检测获得的检验结果填写到种子检验结果报告单上。完整的检验结果报告应当按现行的国家标准规定填写。

第二章　初级农艺工

第一节　主要大田作物概述

本节为初级农艺工的大田作物概述部分，我们将分别向大家介绍水稻、小麦、玉米、棉花、油菜、大豆等大田作物的品种分类、生育期和种植区域。

一　水稻

1. 水稻品种的分类

根据水稻品种的遗传变异特点，水稻有籼稻和粳稻、晚稻和早稻、水稻和陆稻、黏稻和糯稻、香稻和其他特种稻之分。在生产上，我们通常根据栽培稻品种的特征、特性和利用方向对水稻品种进行分类：如按熟期分类，一般将早、中、晚稻分别分为早、中、迟熟品种，共9个类型；按茎秆长短分类，分为高秆、中秆和矮秆品种；按穗粒性状分类，分为大穗型和多穗型品种；按稻种繁殖方式分类，分为杂交稻和常规稻。

2. 水稻的生育期

水稻的生育期大致分为秧苗期、分蘖期、长穗期和结实期四个时期。其中秧苗期和分蘖期为营养生长阶段，长穗期为营养生长和生殖生长并进阶段，结实期是以长粒为主的生殖生长阶段。

秧苗期指从种子开始萌动至3叶期为止的一段时间。当第3片完全

叶完全抽出时，种子胚乳中的营养基本耗尽，生产上称为离乳期。

分蘖期指从幼苗第4片叶长出到分蘖终止的一段时间。分蘖期的生育特点是长根、长叶和分蘖，这是决定有效分蘖多少的关键时期。

长穗期也就是穗分化期，指从幼穗分化到抽穗前的一段时间，包括穗分化各期、拔节期和孕穗期；生育特点是长叶、拔节长秆、幼穗分化发育。

结实期指从抽穗、开花至成熟的一段时间，具体又细分为抽穗期、开花期、灌浆期、成熟期等几个时期。

3. 水稻的种植区域

我国稻区分布辽阔，南至海南岛，北至黑龙江省黑河地区，无论是低于海平面以下的东南沿海潮田，还是海拔2600米以上的云贵高原，都有水稻种植。

我国的水稻90%以上分布在秦岭、淮河以南地区。成都平原、长江中下游平原、珠江流域的河谷平原和三角洲地带是我国水稻的主产区。另外，云南、贵州的坝子平原，浙江，福建沿海地区的海滨平原及台湾的西部平原，也是我国水稻的集中产区。

我国稻区划分为6个稻作区和16个稻作亚区，这6个稻作区分别是华南双季稻稻作区、华中单双季稻稻作区、西南单双季稻稻作区、华北单季稻稻作区、东北早熟单季稻稻作区和西北干燥区单季稻稻作区。

二 小麦

1. 小麦品种的分类

小麦品种按春化特性和播种季节分为冬小麦和春小麦两种；按皮色不同分为白皮小麦和红皮小麦；按粒质分为硬质小麦、软质小麦和混合小麦。以上述分类为基础，我国小麦国家标准又把小麦细分为9类，分别是白色硬质冬小麦、白色硬质春小麦、白色软质冬小麦、白色软质春小麦、红色硬质冬小麦、红色硬质春小麦、红色软质冬小麦、红色软质春小麦和混合小麦。

小麦品种按品质分类，分为强筋品种、中筋品种、弱筋品种三类；按成穗率和穗粒数多少又分为大穗型品种、中穗型品种、小穗型品种三类。

2. 小麦的生育期

小麦生育期包括出苗期、分蘖期、越冬期、返青期、起身期、拔节期、孕穗期、抽穗期、开花期、灌浆期和成熟期。第一真叶露出地面2~3厘米时为出苗，田间有50%以上的麦苗达到这一标准时的日期，为这个田块的出苗期；田间50%以上麦苗的主茎第3片绿叶伸出2厘米左右的日期为3叶期；田间有50%以上的麦苗，第一分蘖露出叶鞘2厘米左右时为分蘖期；冬麦区冬前平均气温稳定降至0℃以下，麦苗基本停止生长，这段停止生长的时期称为越冬期；有越冬期的冬麦区，第二年春季气温回升时，麦苗叶片由青紫色转为鲜绿色，部分心叶露头时，为返青期；春季麦苗由匍匐状开始挺立，主茎第1叶叶鞘拉长并和年前最后叶叶耳相差1.5厘米左右，茎部第1节间开始伸长但是还没有伸出地面时，为起身期；全田50%以上植株茎部第一节露出地面1.5~2厘米时，为拔节期；孕穗期又称为挑旗期，表现为全田50%分蘖旗叶叶片全部伸出叶鞘，旗叶叶鞘包着的幼穗明显膨大；全田50%以上麦穗由叶鞘中露出二分之一时为抽穗期；全田50%以上麦穗开花为开花期；灌浆期在开花后10天左右，籽粒开始沉积淀粉；成熟期胚乳呈蜡状，籽粒开始变硬。

3. 小麦的种植区域

小麦适应性强，在我国被广泛种植。我国兼种冬小麦和春小麦，但是以冬小麦为主，冬小麦种植面积大约占小麦总种植面积的五分之三。冬小麦主要分布在长城以南、岷山以东地区，并且以秦岭和淮河为界，分为南、北两大冬麦区。

我国的小麦种植区域大体分为3个大区和10个亚区。这3个大区分别是冬麦区、春麦区和冬春麦兼播区。其中冬麦区分为北方冬麦区、黄

淮平原冬麦区、长江中下游冬麦区、西南冬麦区和华南冬麦区5个亚区；春麦区包括东北春麦区、北方春麦区和西北春麦区3个亚区；冬春麦兼播区包含新疆冬春麦区和青藏高原冬春麦区2个亚区。

三 玉米

1. 玉米品种的分类

玉米按胚乳质地、籽粒形态以及有无稃壳分类，可以分为硬粒型、半马齿型、马齿型、爆裂型、甜质型、糯质型、有稃型等。按生育期的长短分类，可以分为早熟品种、中熟品种和晚熟品种三类。按籽粒组成成分及用途分类，可以分为特用玉米和普通玉米两大类。特用玉米是指具有比较高的经济价值、营养价值或加工利用价值的玉米，一般指甜玉米、糯玉米、高油玉米、高淀粉玉米、高赖氨酸玉米、爆裂玉米、青贮玉米等。

依据国际通用标准，玉米按熟期又分为超早熟、早熟、中早熟、中熟、中晚熟、晚熟和超晚熟七种类型。不同类型生育期不同：超早熟品种一般为70~80天，早熟品种为81~90天，中早熟品种为91~100天，中熟品种为101~110天，中晚熟品种为111~120天，晚熟品种为121~130天，超晚熟品种为131~140天。

2. 玉米的生育期

玉米的生育期包括出苗期、拔节期、小喇叭口期、大喇叭口期、抽雄期、开花期、吐丝期、灌浆成熟期。一般大田以群体50%以上进入各生育期作为全田进入各生育期的标志。

播种后种子发芽出土高大约2厘米称为出苗；当植株雄穗伸长，茎节总长度在2~3厘米时称为拔节；小喇叭口期雌穗进入伸长期，雄穗进入小花分化期。

玉米雄穗尖端从顶叶抽出时称为抽雄。从拔节到抽雄所经历的时期称为玉米大喇叭口期，为营养生长和生殖生长并进阶段，既是玉米生长发育的关键时期，也是落实各项管理措施的关键时期。在抽雄期，玉米的节根层数、基部节间长度基本固定，雄穗分化已经完成，雄穗主轴露出顶叶3~5厘米。

开花期指的是雄穗主轴小穗花开花散粉的一段时间，这时雌穗分化发育基本完成。

吐丝期指的是雌穗花丝从苞叶伸出2厘米左右的时期。

灌浆成熟期包括籽粒形成期、乳熟期、蜡熟期和完熟期四个阶段。籽粒形成期也称灌浆期，籽粒基本形成，胚乳呈清浆状。乳熟期，籽粒干重迅速增加并基本形成，胚乳呈乳状或糊状。蜡熟期，籽粒干重接近最大值，胚乳呈蜡状，用指甲可以划破。完熟期，籽粒干硬，籽粒基部出现黑色层，乳线消失，并呈现出品种固有的颜色和色泽。

3. 玉米的种植区域

我国玉米带纵跨寒温带、暖温带、亚热带和热带生态区，分布在低地平原、丘陵和高原山区等不同自然条件下。我国的玉米种植区域划分为5个明显各具特色的生态区：北方春播玉米区、黄淮海夏播玉米区、西南山地玉米区、南方丘陵玉米区、西北灌溉玉米区和青藏高原玉米区。

北方春播玉米区是我国的玉米主产区之一，该区种植面积占全国玉米种植面积的30%左右，产量占35%左右。黄淮海夏播玉米区是全国最大的玉米集中产区，种植面积虽然跟北方春播玉米区基本相当，产量却占到全国的50%以上。

四 棉花

1. 棉花品种的分类

全世界的栽培棉种主要有非洲棉、亚洲棉、陆地棉和海岛棉等四大栽培种，其中陆地棉是当今世界的主要栽培种。

在生产实践中，棉花按成熟时间的长短，分为中熟棉、早熟棉和特早

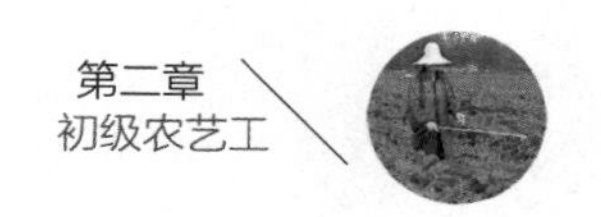

熟棉，早熟棉和特早熟棉合称为短季棉；按棉纤维的长短，分为粗绒棉、细绒棉、中长绒棉、长绒棉和超长绒棉；按棉纤维的颜色，分为白色棉和彩色棉；按抗性不同又分为抗虫棉、抗病棉、感病棉。

2. 棉花的生育期

棉花的生育期分为苗期、现蕾期、开花期、吐絮期。苗期指出苗至现蕾这段时间，一般经历30~40天。现蕾期指现蕾到开花这段时间，一般经历25~30天，分为孕蕾期和盛蕾期。孕蕾期一般为2~3片真叶期；盛蕾期指的是现蕾后10天左右，单株蕾的日增长量达到最多的时期。从现蕾期开始，棉株开始进入营养生长和生殖生长并进阶段。

开花期指开花至吐絮这段时间，一般经历50~70天，分为初花期、盛花期。初花期是棉花一生中营养生长最快的时期，也是营养生长和生殖生长两旺的时期；而从盛花期开始，棉株的营养生长开始减弱，生殖生长占优势。

吐絮期指棉铃开始正常开裂吐絮到全田收获基本结束，一般经历70天左右。

3. 棉花的种植区域

根据积温的多少、纬度的高低、降水量多少等自然生态条件，我国的棉区由南而北、从东向西依次划分为华南棉区、长江流域棉区、黄河流域棉区、北部特早熟棉区和西北内陆棉区五大棉区。其中，长江流域棉区是我国三大主产棉区之一，分为长江上游亚区、长江中游亚区、长江下游亚区、南盆地亚区和江南红壤丘陵亚区五个亚区。

五 油菜

1. 油菜品种的分类

油菜按农艺性状分类，分为白菜型、芥菜型和甘蓝型三大类，其中甘蓝型油菜是我国种植的主要类型。按生育期的长短，油菜品种也被分为早熟、中熟和晚熟三种类型；按种植季节分类，又分为冬油菜和春油菜。另外，我国在生产、利用油菜时，习惯将油菜分为常规油菜、杂交油菜和优质油菜三大类。

常规油菜也称普通油菜，指的是按常规育种方法育成的普通品种油菜。杂交油菜是利用杂交技术育成的杂交品种油菜。优质油菜指的是有优质特性的油菜，目前主要指菜籽油中芥酸含量低、菜籽饼中硫代葡萄糖苷含量低的油菜，包括单低油菜、双低油菜。另外，具有优良品质特性的杂交品种油菜也属于优质油菜。

2. 油菜的生育期

油菜的生育期分为发芽出苗期、苗期、蕾薹期、开花期、角果发育成熟期。苗期是指油菜出苗后子叶平展至现蕾这段时间。一般从出苗至开始花芽分化为苗前期，苗前期是油菜的营养生长期，是根系、茎和叶片等营养器官生长的时期；苗后期营养生长仍然占绝对优势，油菜主根膨大，并且进行花芽分化。

蕾薹期是指从现蕾至初花这段时间，我国的冬油菜蕾薹期一般在2月中旬—3月中旬。

从开始开花到开花结束的这段时间称为油菜开花期，是油菜营养生长和生殖生长最旺盛的时期。开花期分为初花期、盛花期和终花期三个阶段，全田有25%的植株开花为初花期，全田有75%以上的植株开花为盛花期，全田有75%以上的植株停止开花为终花期。

从开花结束至角果种子成熟的一段时间为角果发育成熟期，这个时期油菜以生殖生长为主，角果伸长膨大，籽粒逐渐充实，营养生长基本停止。

3. 油菜的种植区域

我国油菜种植遍及全国，种植区域以六盘山和太岳山为界分为冬油菜和春油菜两大产区，其中冬油菜区的种植面积和总产量占全国的90%，春油菜区的种植面积和总产量占全国的10%。

冬油菜集中分布于长江流域各地及云贵高原，冬油菜区分为华北关中亚区、云贵高原亚区、四川盆地亚区、长江中游亚区、长江下游亚区和华南沿海亚区6个亚区，其中，四川盆地、长江中游和长江下游3个亚区为主产区。春油菜区分为青藏高原亚区、蒙新内陆亚区和东北平原亚区3个亚区。

六 大豆

1. 大豆品种的分类

我国的大豆历史悠久，辽阔的种植区域，类型多样的土壤、气候与耕作制度，加上不同利用需求的长期定向选择，形成了丰富多样的大豆品种资源和多种类型的大豆品种。

按习惯播种期不同，可以将全国各地区的品种分为春播大豆、夏播大豆、秋播大豆和冬播大豆。春大豆又有北方春大豆、黄淮春大豆和南方春大豆之分。

按结荚习性不同，大豆可分为无限结荚习性、有限结荚习性和亚有限结荚习性三大类型。无限型品种大多为半直立型，自下而上开花，花序短，植株高大，豆荚分布在主茎和分枝上；有限和亚有限型品种多为直立型，其中，有限型品种由中上而下开花，花序长，主茎顶端成簇，豆荚集中在主茎中上部；而亚有限型品种由上而下开花，生育特性及花序长度介于无限型和有限型之间，主茎顶端一般结3~4荚。

按籽粒大小不同，大豆又可以分为小粒、中粒和大粒品种；百粒重10克以下的为小粒型，百粒重10~20克的为中粒型，百粒重20克以上的为大粒型。

按种皮颜色不同，大豆可以分为黄色、青色、黑色、褐色和双色品种；黄色品种是各栽培区的主要栽培品种。

按籽粒蛋白质、脂肪含量的多少，大豆还可以分为高蛋白品种、高油

品种；蛋白质含量在45%以上的为高蛋白品种，脂肪含量在21%以上的为高油品种。

按用途分类，大豆还可以分为食用大豆和饲用大豆。

2. 大豆的生育期

生产上，我们将大豆的生育期分为出苗期、分枝期、开花期、结荚鼓粒期和成熟期五个阶段。从播种萌发至子叶拱出地面50%时，为大豆出苗期。当大豆长出4~5片复叶时开始分枝，在叶腋内长出的分枝幼芽长达2厘米时为分枝期，这一时期是大豆生长发育旺盛时期。开花期从第一朵花出现到开花结束，分为初花期、盛花期和终花期，这段时间是大豆营养生长与生殖生长最旺盛的时期，也是干物质形成、积累最多的时期。

结荚鼓粒期是指从终花到黄叶这段时间，这期间，大豆结荚和鼓粒并进，生殖生长占主导地位。植株的叶片开始变黄至脱落为成熟期，这时豆粒充实到最大，植株生育活动逐渐减慢直到最后完全停止，最后种子变硬呈现品种固有的粒形、颜色等遗传性状。

3. 大豆的种植区域

我国大豆主要种植区域划分为五个大区七个亚区，这五个大区分别是北方春大豆区、黄淮海流域夏大豆区、长江流域春夏大豆区、东南春夏大豆区和华南四季大豆区。其中北方春大豆区包括东北春大豆亚区、黄土高原春大豆亚区和西北春大豆亚区；黄淮海流域夏大豆区包括冀、晋中部春夏大豆亚区，黄淮海流域夏大豆亚区；长江流域春夏大豆区包括长江流域春夏大豆亚区、云贵高原春夏大豆亚区。

第二节 播前准备

本节为初级农艺工必备技术的播前准备部分，主要内容包括土地准

备、农资准备和轮作倒茬。

一 土地准备

1. 播前灌溉

播前灌溉是为保证农作物种子萌芽和苗期用水，在农作物播种之前进行的灌溉。农作物种子必须吸收充足的水分才能萌芽，因此，生产中必须因地制宜采取适宜的灌溉措施，使土壤墒情达到播种要求，以保证苗全、苗齐、苗壮。

一般采用沟灌和畦灌方式的地块适宜以“跑马水”的形式快速灌完，采用喷灌、滴灌方式的地块每亩灌溉量掌握在10~15立方米就可以了。

2. 土地翻耕

土地翻耕作业必须在土壤的适耕期进行。适耕期是指土壤含水量适宜进行耕作的时段。无论是砂土、壤土还是黏土，当土壤含水量在14%~20%时最适宜翻耕。

翻耕最好在前茬作物收获后立即进行，这样有利于促进土壤熟化，接纳降水，减少草荒和病虫害。翻耕按时期的不同，分为春耕、伏耕、秋耕和冬耕；按翻耕方式的不同，又分为水耕、旱耕、套耕、旋耕。生产中，应当根据不同的作物选用不同的方式，确定适宜的翻耕时期。一般秋耕、冬耕的效果要好于春耕和伏耕。

翻耕深度是翻耕质量的重要指标，生产中，应当根据土地情况、作物种类、翻耕时期掌握合理的翻耕深度。一般肥地、旱地、比较黏重以及地表土盐分比较多的土壤，可以耕得深一些。水浇地、水稻田、砂土地可以耕得浅一些。上黏下沙的土层不能过分深翻，避免漏水漏肥；而上沙下黏的土层则可以适当深翻，使上下层混合，有利于改良土质。

甘薯等根茎类作物以及棉花等根系比较深的农作物，翻耕深度应当适当深一些；而水稻、谷子等根系入土比较浅的农作物，翻耕深度应当适当浅一些。

秋耕、冬耕和伏耕晒垡，耕地需要深一些；春耕和播前耕地应当浅一些。但是在干旱少雨地区以及风沙比较大的地区，秋冬耕过深，土壤容易跑墒或遭风蚀危害，所以，应当以浅耕为主。

如果一次翻耕过深，生土过多、有机质少、速效养分少、理化性质不良，在短期内难以熟化，往往会影响农作物的生长发育而导致减产，所以，不能一次翻耕过深，而应当逐年加深翻耕深度。目前，各地采用的翻耕深度一般水田为15~20厘米，旱地为20~25厘米。

3. 基肥施用

基肥又称底肥，是在农作物播种或移植前，结合整地、翻耕等土壤耕作措施施入土壤中的肥料。

大田作物的基肥施用方法主要有撒施、条施和穴施。在确定具体施肥方法时，主要根据作物的根系特点而定，同时还要充分考虑整地质量、种植方式、灌水情况、基肥量等因素。

无论采取哪种施用方式，都应该做到既不伤害作物、防止肥料损失，又能及时或持续地满足作物的需要，提高肥料利用率。

撒施一般是在土壤翻耕之前或者在耕后耙地之前，将各种肥料充分混匀后，均匀撒施在地表。撒施基肥应当与翻耕、灌溉措施相结合，使肥料与土壤充分融合，减少肥料损失。条施或穴施是将肥料施在作物播种行或播种穴内，要求肥料施在种子的侧下方，距种子4~5厘米的地方，避免肥料与种子直接接触，防止烧苗。肥料施下后，立即覆土。

二 农资准备

农作物栽培生产中所用的农资主要有肥料、种子和农药。

1. 肥料的准备与储存

有机肥料也就是农家肥经过堆沤、腐熟处理之后，大多在室外堆放，为了防止养分损失，要避免风吹、日晒、雨淋、水浸，肥堆上面应当覆盖塑料薄膜。

化肥储存应当做到五防，也就是要防潮湿结块、防养分挥发、防腐蚀、防火防爆炸、防中毒。化肥因吸湿而引起潮湿结块，是化肥储存中比较普遍的问题，空气湿度越大，结块现象越严重。因此，化肥应当存放在干燥、阴凉的仓库内，堆垛离墙壁要保持30~50厘米的距离；仓库的温度应当控制在30℃以下，空气相对湿度40%~70%较适宜。

对于稳定性比较差的化肥，如碳酸氢铵，必须用内衬塑料袋外包编织袋的双层袋包装严实，保持干燥，并且防止阳光直射。使用时应当随开随用，用完一袋再拆下一袋，用剩的肥料要扎紧袋口。氯化铵、硫酸铵、硝酸铵、碳酸氢铵等铵态氮肥，要注意不能与碱性肥料同库混存，以减少氮素损失。

化肥一般都具有腐蚀性，特别是过磷酸钙、氯化铵等酸性肥料，在储存过程中要注意避免与喷雾器、犁、锄、铁桶等金属器具接触。有腐蚀性的液体化肥，如氨水等，应当选用防腐蚀、不渗漏的陶瓷、橡胶、塑料容器密封，并且存放在阴凉、干燥、通风处。

有燃烧、爆炸性的硝酸盐类化肥，如硝酸铵、硝酸钠等，要特别注意避免日晒，严禁烟火，不要与柴油、煤油、柴草等存放在一起。

此外，化肥还不能与种子、粮油、饲料等存放在一起。

2. 种子的准备

播种之前，要按照大田生产的要求提前准备好充足的优质种子。

为了保证种子质量，我们一定要到证照齐全的正规种子生产单位或经销单位，购买经过省级或国家级农作物品种审定委员会审定通过的优质种子。种子包装要求符合国家相关规定，包装袋上应当注明农作物种类、品种名称、生产商、质量指标、净含量、生产时间、种子经营许可证号、包衣种子警示标志等信息，缺少这些内容的都属于不规范的包装。

我们在选购种子的时候，尤其要留意种子包装上的质量指标。我国对主要农作物种子都规定了质量标准，比如水稻常规种要求纯度不低于99%，净度不低于98%，发芽率不低于85%；水稻杂交种要求纯度不低于96%，净度不低于98%，发芽率不低于80%；油菜常规种要求纯度不低于95%，净度不低于98%，发芽率不低于85%，水分不高于9%；油菜杂交种要求纯度不低于85%，净度不低于98%，发芽率不低于80%，水分不高于9%。无论是常规种还是杂交种，水分含量籼稻要求不高于13%，粳稻要求不高于14.5%。

我们在选购种子的时候，还应当学会一些简易鉴别种子质量优劣的方法。优质的水稻种子谷壳色泽鲜亮；谷粒充实饱满，用牙咬谷粒感到比较坚硬，咬开时发出清脆的响声，用手揉搓能露出米粒；用鼻子闻能闻到谷香味。如果谷壳色泽深暗，谷粒干瘪，用牙咬容易断碎，用手揉搓容易碎成粉末，散发出霉味，这样的种子为没有生活力的种子。

优质的小麦种子皮壳新鲜、有光泽；胚部充实饱满，剖开种胚观察时，种胚切面及胚根呈淡黄色、油状、有弹性；将种子扬起，会听到清脆的声响；用牙咬麦种，感觉比较坚硬，发出的声音比较响脆，咬开的断面比较光滑；把手插入小麦种子包装袋内，感到阻力很小，手容易伸到底层。而没有生活力的小麦种子一般皮壳暗淡、缺乏光泽，胚部皱缩、呈黄褐色，解剖种胚时，胚根呈深黄色或褐色，麦粒干枯容易破碎。

优质的玉米种子应当具有本品种的固有色泽、粒型，没有虫蛀、霉变和机械损伤；把手插入种子包装袋内，手上应该没有异味和潮湿感，而是有清爽感；任意抓出一把种子，同一品种的种子大小、色泽、粒形等应该基本一致。

优质的大豆种子种皮呈黄色、有光泽；两片子叶清新、黄亮；对种皮哈气后，种皮上没有水汽附着，并且没有特殊的光亮色泽。相反，如果哈气后种皮色泽变暗或出现油渍状，咬破种子，两片子叶呈深黄色或褐色，没有光泽，则是丧失活力的大豆种子。

优质的花生种子果实饱满，胚顶尖锐，芽盘突出，种皮呈粉红色，顶部的脐呈白色；用手搓种皮，种皮容易与种子分离。丧失生活力的花生种子表面皱缩，种皮变成黄褐色或深红色，顶部的脐和子叶出现油渍状，浸水2个小时后种皮有水浸状斑点，子叶容易分离。

优质的油菜种子剥去种皮后，幼芽、幼根呈青白色，子叶呈青绿色、黄白色、黄色且比较湿润、有弹性；用手抓种子，一般握不住，有光滑感；用牙咬，有破碎声，种皮与胚容易分开。相反，幼芽、幼根带褐色，子叶呈褐色而且干瘪、皱缩的为丧失生活力的种子。

3. 农药的准备

生产中，应当根据所种植的农作物种类和种植面积、病虫害预测预报等情况，提前购买并且备足农药。

处理种子用的包衣剂或拌种农药在播种前一个月就应当准备到位。对于防病用的杀菌剂，要根据以往的大田农作物的发病情况来定：早期发生的病害要早准备出一部分；晚期发生的病害，可以迟一些准备。除草剂一般在播种前半个月就必须准备好。应当根据往年大田虫害的发生情况，结合当年的虫情预报，判断哪种虫害有大发生的可能，适量储备对应的杀虫剂。

生长调节剂应当根据实际生产需要掌握好储备时间。比如棉花生产中使用的生长调节剂主要是缩节胺和乙烯利，缩节胺在育苗期就开始使用，高密度直播棉田在出齐苗时也会使用到，要早做准备；而乙烯利应当等到秋天，根据棉花的吐絮、成熟情况决定是否使用，一般不需要储备。

在购买农药时，一定要根据农药施用技术方案的要求，到国家指定的农药经营部门，如农资公司、植保部门、农业技术推广部门、农药生产厂家的直销部门等去购买。选择和购买农药要遵循安全、有效、经济的原则，这就要求我们做到：第一，要对症买药；第二，要选择高效、低毒、低残留的农药；第三，要选择价格合理的农药。买回的农药要根据《农药安全使用规定》，妥善安全保管。

三 轮作倒茬

1. 轮作倒茬概念与轮作方式

轮作是指在一定年限内、在同一块地上按一定的顺序轮换种植不同农作物或同一种农作物轮换地种植。轮作中的前茬作物和后茬作物的轮换称为倒茬，连作也称为重茬。

我国各地区的自然条件和生产条件差异很大，轮作方式也多种多样，最常见的有禾谷类轮作、禾豆轮作、粮食和经济作物轮作、水旱轮作、草田轮作等几种方式。

旱地多采用以禾谷类作物轮作为主或禾谷类作物、经济作物与豆类、绿肥作物轮换。水旱轮作种植方式以南方的小麦—水稻轮作最为普遍，其次是油菜—水稻轮作。在北方一年一熟地区，主要采用水稻连作几年后换种几年旱作的轮作方式。

轮作包括年间轮作和年内轮作两种形式：在一年一熟制下，采取的是年间单一作物的轮作，如大豆—小麦—玉米三年轮作；在一年多熟制下，既有年间的轮作，也有年内的换茬，如南方的绿肥—水稻—水稻—油菜—水稻—水稻—小麦—水稻—水稻这种复种轮作。

2. 作物的连作反应

不同农作物、不同品种，甚至是同一种农作物的同一个品种，在不同的气候、土壤和栽培条件下，对连作的反应都是不同的。根据农作物对连作的反应敏感性差异，结合我国主要农作物种类和各地的生产经验，

农作物可以分为忌连作的作物、耐短期连作的作物、耐连作的作物三种类型。

忌连作的作物基本上可以分为两类，一类以茄科的马铃薯、烟草等为典型代表，它们对连作反应最为敏感；另一类以禾本科的陆稻，豆科的豌豆、大豆、蚕豆，麻类的大麻、黄麻，菊科的向日葵等为代表，它们对连作的反应仅次于茄科作物。

甘薯、紫云英等对连作反应的敏感性属于中等，生产上常根据需要对这些作物实行短期连作，这类作物在连作2~3年受害比较轻。

耐连作的作物有水稻、玉米、麦类、棉花、甘蔗等，它们的耐连作程度比较高，其中又以水稻、棉花的耐连作程度最高。

3. 连作障碍的预防和控制

同一作物或近缘作物连作以后，即使在正常管理的情况下，也会出现产量降低、品质降低、生育状况变差的现象，这就是连作障碍。我们可以采取一定的技术措施加以预防和控制，如大多数禾谷类作物连作多年后，可以通过及时补施足量化肥和有机肥的办法防止连作障碍的发生。一些因病虫草害造成的连作障碍，可以采取土壤处理、拌种处理等植保技术措施加以预防和控制；选用高产、抗病虫品种进行有计划的品种轮换，实行水旱轮作也可以有效地防止连作障碍的出现。

4. 茬口

茬口是轮作换茬的基本依据，是在作物轮作或连作中，影响后茬作物生长的前茬作物及其茬地的泛称，具有季节特性和肥力特性两种特性。季节特性指的是前作收获和后作栽种的季节早迟，收获期早的称为早茬口，收获期迟的称为晚茬口。肥力特性指的是前作对后作土壤理化性状、病虫和杂草感染的影响特点。一年一熟制地区主要受肥力特性的影响，一年多熟制地区前茬的季节特性影响要远远大于肥力特性。另外，前作收获期与后作栽种期相近的情况下，不同茬口的肥力特性产生的影响存在很大的差异。比如前茬为油菜、大麦的，油菜茬的肥力特性要好于大麦茬。

在轮作中，茬口安排应当遵循"瞻前顾后，统筹安排，前茬为后茬，茬茬为全年，今年为明年"的原则，要把重要作物安排在最好的茬口上。

在复种轮作中前茬作物的收获期，常常是后茬作物的适宜播种期，因此，及时安排好茬口衔接就显得尤为重要。一般要先安排好年内的接茬，再安排年间的轮换顺序。为了使茬口的衔接安全适时，我们可以采取多种措施，比如合理选择搭配作物及作物品种，采取育苗移栽、套作、地膜覆盖和化学催熟等方法，促使作物早熟，以便能够及时接茬。

根据各地经验，对于那些经过长期实践、适合当地特点的、相对稳定的作物轮换顺序是不宜轻易打乱的，否则将降低整个轮作期间的生产效益。

第三节　育　　苗

本节为初级农艺工必备技术的育苗部分，主要内容包括农作物常用育苗方式、育苗设施的准备、苗床的制作、营养土与营养液的配制、苗床播种和幼苗管理。

育苗是农作物生产的重要环节之一，育苗的好处显而易见：第一，可以缩短农作物在本田中的生育期，提高土地利用率；第二，可以使农作物提早成熟，增加收益；第三，节省用种；第四，有利于培育壮苗；第五，便于茬口安排和衔接。

这里，我们从常用育苗方式准备说起，跟大家谈谈在育苗环节，初级农艺工都应该了解和掌握的知识和技能。

一 农作物常用育苗方式

农作物的育苗方式很多，根据有没有加温条件，大致可以分为冷床育苗和温床育苗；根据苗床有没有覆盖物，可以分为露地育苗和覆盖育苗；根据育苗基质不同，可以分为床土育苗和无土育苗；根据育苗期间水分管理不同，可以分为旱育秧、水育秧和湿润育秧；根据根系保护方法不同，可以分为穴盘育苗、营养钵育苗和营养土块育苗等。

二 育苗设施的准备

1. 育苗设施的类型

目前大田作物生产上应用的育苗设施主要有塑料拱棚和温床两类。

（1）塑料拱棚

塑料拱棚包括塑料大棚、塑料中棚和塑料小拱棚三种。

塑料大棚的基本骨架是由三杆一柱组成的，三杆指的是弓杆、拉杆和压杆，一柱指的是立柱。塑料大棚的结构类型比较多，有简易竹木结构、钢筋混凝土和竹木混合结构、钢架结构、镀锌钢管装配式结构等。塑料大棚的跨度一般为6~8米，棚高2.4~2.6米，人可以进入棚内并且能自由地操作。塑料中棚的结构与塑料大棚基本相似，一般跨度在4米左右，棚高1.5~1.8米，人基本可以进入棚内操作。

塑料小拱棚结构简单，建造容易，是目前生产上应用最为普遍的育苗设施，通常用毛竹片、细竹竿、荆条或直径6~8毫米的钢筋等做骨架，每隔0.8~1米插一根拱架，一般跨度为2~3米，棚高0.8~1.5米，人不能在棚内直立操作。用塑料拱棚育苗，除了要建好棚，还应当提前准备好相关的覆盖材料。

覆盖材料分为透明、半透明、不透明三大类。透明覆盖材料主要有塑料薄膜、硬质塑料板材两种。塑料薄膜有聚乙烯薄膜、聚氯乙烯薄膜、耐低温防老化薄膜、长寿膜、无滴膜等多种类型。硬质塑料板材也称阳光板，主要有玻璃纤维增强聚酯树脂板、玻璃纤维增强聚丙烯树脂板、聚碳酸酯板等几种类型。透明覆盖材料最主要的功能是采光，我们在选择时，应当首先考虑它的透光性，再考虑它的强度、使用寿命、防雾和防滴性能、保温性能等。

半透明与不透明覆盖材料主要有无纺布、遮阳网和外覆盖保温材料。无纺布主要应用于浮面覆盖、防虫防鸟，在水稻育苗中有广泛应用。遮阳网主要在夏季高温季节使用，起削弱光照强度、降低温度的作用。外覆盖保温材料包括蒲席、草帘、棉被、纸被等，主要作用是保持棚内温度，减少热量损失。

(2)温床

温床育苗是在冷床基础上增加人工加温条件，来提高苗床内的地温和气温的保护性育苗设施。生产中应用比较广泛的温床主要有酿热温床和电热温床两种类型。

酿热温床是指利用牲畜粪、秸秆、杂草等酿热物发热、生热，结合利用太阳能来提高床温的苗床类型。酿热温床的酿热物根据所含有的碳氮含量不同，分为高温型酿热物和低温型酿热物两类。高温型酿热物主要有新鲜马粪、新鲜厩肥、各种饼肥、棉籽皮等；低温型酿热物主要有牛粪、落叶、树皮及作物秸秆等。

生产上，一般将高温型、低温型酿热物混合使用，低温型酿热物不适宜单独使用。酿热温床的温度调节可以通过调节酿热物碳氮比、紧密度、厚度和含水量来实现。

电热温床是指通过铺设在床土里的电热线，把电能转化成热能进行土壤加温的苗床类型。目前，电热温床在春甘薯的育苗上应用比较广泛(图2-1)。

图2-1　甘薯电热温床育苗

2. 育苗设施的消毒

在育苗之前，必须对育苗设施进行认真细致的消毒。以塑料拱棚为例，我们可以在夏季进行日光高温消毒，就是人工翻挖或用旋耕机翻耕后，暴晒15~20天；也可以采用药剂消毒，如用50%甲基托布津可湿性粉剂或50%多菌灵可湿性粉剂500倍液喷雾消毒；另外，我们还可以在育苗结束后种植葱蒜类蔬菜，改变土壤的菌落组成，达到间接消毒的目的。

3. 育苗容器的准备

大田作物育苗生产中所用的育苗容器主要是穴盘。穴盘有聚苯泡沫盘、聚乙烯泡沫盘、聚苯乙烯塑料盘和聚氯乙烯塑料盘等多种材质。

水稻育秧通常用561孔和434孔两种规格的塑料盘，一般培育25天左右的短秧龄苗适宜选用561孔秧盘，麦茬稻适宜选用434孔秧盘。棉花漂浮育苗多使用聚乙烯泡沫盘，目前，只有200孔这一种规格的。

经过彻底清洗和消毒处理的旧穴盘，是可以重复使用的。具体的消毒方法是：将穴盘放入10%的漂白粉溶液中浸洗消毒1~2分钟后取出来，然后放在干净的塑料薄膜上，放置1~2个小时后，再用清水冲洗干净。

三 苗床的制作

苗床制作是培育壮苗的基础。育苗方式不同，苗床制作方法也有所不同。例如，水稻湿润育秧，制作苗床时，应当在清除掉前茬的残茬、杂草，施足基肥，精耕细整的基础上，按1.3~1.5米的宽度作畦，畦沟宽20~25厘米，沟深10~15厘米，畦面要力求平整。最后在苗床四周开好排水沟，做到排水畅通、床内不进水、沟内不积水，以利于播种出苗。油菜育苗一般在前茬作物收获后或播种前一周对苗床进行耕整。由于油菜种子小，容易通过土壤缝隙漏到深层，加上油菜种子种皮比较薄，很容易发生烂种，所以要求将苗床耕整精细，做到箱面平整、表层土细碎、土壤上虚下实。耕整结束后，南北向开沟作畦，一般畦宽1.5~1.7米，沟深20厘米，畦长根据育苗量来确定。甘薯育苗多采用酿热温床和电热温床育苗，一般在育苗前一周左右制作苗床。

制作酿热温床的关键是把握合适的床坑深度和形态，一般挖长5~6米、宽1.5~2米、中部深30~35厘米、四周深40~50厘米的“龟背”形苗床，这种苗床床温比较均匀。床坑挖好后，分2~3次往苗床中填入酿热物，厚度掌握在离床坑口20厘米左右，每填一次都要踩平踩实。酿热物填好后，泼浇适量新鲜的人粪尿，使酿热物的含水量掌握在65%~70%。最后在酿热物上面铺上2厘米厚的碎土或细沙(图2–2)。

电热温床最好建在避风向阳、地势平坦、排水及管理方便，并且靠近电源的空闲场地或农田上；苗床规格一般长5~10米，宽1.5米，深15~20厘米。提前准备好专用土壤加热线、温控仪等。制作电热温床时，先将苗床底部处理平整，然后按15~20厘米的间距，在木板上钉上铁钉，用于固定电线，钉的铁钉要求两端稍密，中间略稀。布线时，沿铁钉布线，布线要力求松紧一致、平直(图2–3)。电线布好以后，再在电线上覆盖3厘米厚的细土，最后安装上控温仪即可。

图2-2　做好的酿热温床

图2-3　电热温床布线

四 营养土与营养液的配制

1. 营养土的配制

配制营养土是培育壮苗的重要技术措施之一。

生产中，应当根据各种农作物的营养需求特点，本着“因地制宜，就地取材”的原则选择适宜的材料来配制营养土，我们通常选用圈肥、马粪、堆肥等农家肥，园土和适量复合肥按一定的比例充分混合配制。所用的农家肥必须经过充分腐熟，并且过筛。园土要求是2~3年内没有种过同一种作物的肥沃粮田土。农家肥与园土的比例一般为3:7或4:6。配制营养土时，先将农家肥与园土混拌并碾碎过筛，再在每立方米土中加入1千克磷酸二铵或1千克氮、磷、钾含量各占15%的三元复合肥，充分混匀就可以了。

为了预防和减少苗期病虫害，配制好的营养土在使用前，还应当进行必要的消毒：可以在每立方米营养土中加入50%多菌灵粉剂100~150克，充分混拌均匀后，覆塑料薄膜，堆闷2~3天后撤膜；也可以用40%的福尔马林100倍液喷洒，边喷边翻动，翻匀后覆膜堆闷，1~2天后撤膜。用药剂对营养土进行消毒处理，一定要等药味散尽以后才可以使用，否则会对幼苗造成一定的伤害。

2. 营养液的配制

营养液是将含有农作物生长发育所必需的各种营养元素的化合物按适宜的比例溶解在水中配制而成的。营养液一般使用不含有害物质，没有受到任何污染的井水、自来水、河水、泉水、湖水来配制，流经农田的水、没有经过净化的海水和工业污水都不可以用来配制营养液。

棉花漂浮育苗是当前在我国各大棉区广泛推广的一项棉花育苗创新技术，育苗所用的营养液一般是由棉花漂浮育苗专用肥配制而成的。专用肥中含有棉苗生长发育所需要的氮、磷、钾、硼、锌等营养元素；1袋400克的专用肥可以供8个苗盘使用。配制时，将1袋专用肥倒入5千克清水，充分搅拌均匀，营养液就配制好了。

五 苗床播种

播种质量的好坏直接影响育苗质量。一般水稻、棉花育苗时，需要

催芽后再进行播种。

1. 种子催芽

种子催芽是将吸水膨胀的种子放在适宜的温度、湿度、氧气条件下，促使种子迅速、集中而又整齐发芽的作业过程。在播种时气温比较低的情况下，通过催芽，可以使播种期提前，增加积温，促进早熟。

水稻种子催芽时，先将吸足水分的种子用50~60℃的温水浸种30~35分钟，然后放入草堆中保温，保持38~40℃的温度，一般经过15~18个小时，种子就破胸露白了。种子破胸后，要及时将种堆摊薄，淋水降温，使种子在25℃左右的适温下发芽；当芽长达到催芽标准时，将种子在室温下摊晾炼芽，使芽谷能够适应苗床的环境。

棉花种子催芽时，一般将种子倒在水泥上，用25~30℃的水喷洒种子，并且不断翻拌，喷至湿透水、不流水为止。然后将种子用塑料薄膜盖好，5~6个小时后再喷水至湿透。接着将种子集堆，盖好塑料薄膜，堆闷24个小时左右，当大多数种子微露白芽尖时就可以了。

2. 苗床的播种方法

农作物种类不同，育苗方式不同，播种方法也有所不同。

水稻穴盘育苗多采用手工播种。播种前，先按要求摆好穴盘，往穴盘中装入适量事先配制好的营养土，并且浇上适量水；播种时，手动来回撒播，一般杂交稻每孔播2~3粒种子，常规稻每孔播3~5粒种子。种子播完后，往盘面上筛上一层营养土盖种，盖种土厚度掌握在0.5~1厘米，只要能将种子盖住，不露籽即可。水稻旱育秧苗播种之前，先给苗床浇足底水，使0~5厘米土层处于水分饱和状态。播种时，先根据畦床面积称量出所需要的芽谷，先播2/3的种子，用剩下1/3的种子补缺补稀。播种完毕后覆盖0.5~1厘米厚的盖种土，并且用喷壶喷湿盖种土。

棉花漂浮育苗，种子播在穴盘的孔穴中，一般在每个孔穴内播1粒种子。操作时，将种子水平放置，并且用手指轻轻摁一下，使种子与基质充

分接触。为了防止不出苗现象发生，最好在部分育苗盘的外围孔穴内播上2粒种子，方便日后补苗。棉花营养钵育苗，先按要求排好营养钵，排钵时注意钵体高低一致，排列紧密。钵排好后开始播种，每个钵眼里播1粒种子，种子全部播下后，覆盖2~3厘米厚的细土就可以了。棉花基质育苗，一般采用划行播种方式播种，就是用尺子按行距10厘米划行沟，行沟深3厘米。如果播的是脱绒包衣棉种，要求戴防护手套播种。粒距掌握在2厘米左右比较合适。播种结束后，覆盖上一薄层育苗基质，然后将床面抹平，再轻轻镇压，防止"戴帽"出苗。最后覆盖农膜，膜四周用土压实封严即可。

油菜种子比较小，为了达到播种均匀的要求，播种时，可以将种子拌上细土，按畦定量分2~3次均匀撒播，然后用细土覆盖，覆土厚度掌握在0.5~1厘米，做到浅盖。

甘薯育苗的播种方法比较特殊，通常采用平放排种（图2-4）和斜向排种两种方式。平放排种方式适用于芽眼比较多、发芽密度较大的品种；斜向排种适用于芽眼比较少、发芽密度小的品种。平放排种时，根据种薯头部发芽多、尾部发芽少的特点，将种薯头部向上、尾部向下平躺着

图2-4　甘薯平放排种

排放在苗床上，种薯之间间隔1厘米左右就可以了。斜向排种时，将种薯的头部向上、尾部向下，使种薯与地面成15°左右的夹角，并且相互之间留1厘米左右的间隙；按这样的要求排好前一层种薯，铺后一层时，将种薯的头部压在前一层种薯尾部的1/3处。排种结束后，覆盖一层7~8厘米厚的腐熟肥土，用铁锨按压找平，将床面整平。接下来覆盖好地膜，搭好小拱棚，甘薯播种工作也就全部结束了。

六 幼苗管理

生产中，只有根据各种农作物幼苗的生长发育特点进行科学管理，才能最终实现培育壮苗的目标。

以水稻旱育秧苗的管理为例，在播种至一叶一心期主要应注意保温、保湿，出苗前膜内最高温度控制在35 ℃以内。出苗至一叶一心期，膜内最高温度控制在25 ℃以内。一叶一心至二叶一心期是苗期管理的关键，主要应注意降温、控湿，温度控制在20 ℃左右，叶片不蔫不浇水，并且注意通风炼苗。二叶一心期至三叶期是对水分亏缺敏感的时期，遇旱应当适当补水；注意防寒；并且每平方米用70%敌磺钠粉剂2.5克加水1.5千克喷洒秧苗，预防秧苗立枯病。三叶期后应加强通风炼苗，逐步将薄膜四周全揭通风，并严格控水，促进根系下扎。

旱育秧在苗期一般不必施肥，但是如果苗床培肥不够，揭膜后表现为脱肥，可以结合洒水补施肥料。一般用2%的硫酸铵溶液喷施，用量掌握在每平方米100~200克，施肥后应当喷清水冲洗，防止烧苗。

第四节 播　种

本节为初级农艺工必备技术的播种部分，主要内容包括土壤结构特征与改良、土地平整方法、开沟作畦、起垄、除草剂使用常识、大田播种和移栽。

一 土壤结构特征与改良

土壤结构是指土壤颗粒的排列与组合形式；在田间鉴别时，通常指那些不同形态和大小，并且能彼此分开的结构体。土壤结构类型按大小、形状和发育程度，大致分为块状、核状、柱状和棱柱状、板状和片状及团粒结构五种。

块状结构俗称“坷垃”，近似于立方体，水平轴与垂直轴的长度大致相等，边面与棱角不明显，直径一般大于3厘米。块状结构通常在土壤黏重、缺乏有机质、耕性不良的土壤表层中。

核状结构俗称“蒜瓣土”，近似于立方体，边面与棱角明显；结构表面往往有褐色胶膜，泡水以后不散开，直径在1~3厘米；常出现于缺乏有机质的心土层和底土层。

块状结构和核状结构土体紧，孔隙少，通透性差，微生物活动微弱；土块与土块之间孔隙大，容易漏风跑墒，多会压苗，造成缺苗断垄现象。这种结构的土壤可以在墒情合适时进行耙耱，冬季冻土后碾压，以提高土壤有机质含量；也可以掺河沙或炉渣灰来进行改良。

柱状结构和棱柱状结构俗称“立土”，常在干旱、半干旱地带的底土出现，是碱化土壤的标志特征。这种结构的特征是土体直立，侧面和横断面形态不规则，质地黏重，结构体之间有明显的裂缝，漏水漏肥；可以通过深翻施肥和深翻种植绿肥的方法来进行改良。

板状和片状结构俗称“卧土”，呈水平排列，水平轴比垂直轴大，界面呈水平薄片状，直径大于3毫米的为板状，直径小于3毫米的为片状；在老耕地的犁底层中常常可以见到。雨后或灌水后所形成的地表结壳和板结层，都属于板状与片状结构。这种结构不利于透气、透水，影响种子

发芽和幼苗出土;还会加大土壤的水分蒸发,因此生产上需要进行雨后中耕松土,以消除地表结壳。

团粒结构是有机质丰富的自然土壤与耕作层土壤中的近似于球形、疏松多孔的小土团,一般粒径在0.25~10毫米,粒径小于0.25毫米的称为微团粒。团粒结构俗称“蚂蚁蛋”,是农业生产中最理想的土壤结构,土质疏松,透气性能好,有机养分、无机养分充足,有益菌易于存活和繁殖,而且保肥、保水能力强。

团粒结构数量的多少和质量好坏在一定程度上反映了土壤的肥力水平和利用价值。培育团粒结构是土壤改良的目标,在生产实践中,培育团粒结构的措施主要有:第一,精耕细作,通过深耕,使土体破裂松散,并且适时采取耕、锄、耱、镇压等耕作措施;同时,结合施用有机肥料促进团粒结构的形成。第二,实行合理的轮作倒茬,像秸秆还田、种植绿肥或牧草、粮食作物与绿肥轮作、水旱轮作等都有利于团粒结构的形成。第三,合理灌溉,采用沟灌、喷灌、滴灌、地下灌溉等灌溉技术,结合深耕进行晒垡、冻垡,充分利用干湿交替、冻融交替作用,促进团粒结构形成。第四,酸性土壤施用石灰,碱性土壤施用石膏,在调节土壤酸碱度的同时,也有利于团粒结构的形成。第五,通过施用胡敏酸、树脂胶等土壤结构改良剂促进团粒结构形成。经过培肥改良后形成一定程度团粒结构的土壤要注意避免频繁耕作,应当采用保护性的耕作措施。

二 土地平整方法

土地翻耕以后,地面起伏不平,坷垃多,为了能够顺利出苗,并且为植株生长创造良好条件,我们需要进行土地平整工作。

土地平整为表土耕作措施,生产上应用的耙地农具主要有圆盘耙、钉齿耙和耢。我国南方多用圆盘耙和钉齿耙平整土地。曲面圆盘的滚动使圆盘耙可以切开和破碎土块,也有轻微的翻土作用。圆盘耙的碎土能力强，耙深一般在8~10厘米，比较适宜在黏重的土壤上应用。钉齿耙的作用主要是碎土，破除土壤表面的板结层，清除刚刚发芽的杂草，为撒播的作物种子覆土。圆盘耙的平土作用相对来说差一些，保水作用也比较差，所以，用圆盘耙耙过地以后，还需要配合钉齿耙耙地。生产中，通常把犁、圆盘耙、耕耘机组成复式作业机具进行作业，效果更好。

我国北方多用由荆条或藤条编成的农具耢来平整土地。通过耢地，不但能平整土地，弄碎土块，而且能形成干土覆盖层，减少土壤表面的水分蒸发，起到保墒作用。

土地平整结束后就该开沟作畦了。

三 开沟作畦

开沟作畦是农田排水防涝的重要措施，一般结合整地进行。畦的宽度和沟的深浅，根据雨水多少、田块地势和土质灵活掌握。在雨水多、地下水位高、土质黏重、排水不良的田块适宜采用深沟窄畦；反之，则采取浅沟宽畦，甚至平作。

面积比较大的田块，应当开好畦沟、腰沟和围沟，使三沟相通，确保排灌畅通。从畦沟到腰沟再到围沟，最后到总排水沟，沟的深度应逐渐加深，以利于排水。

小麦田开沟作畦时，应当根据土地平整的程度，合理确定畦的长宽和腰沟的多少。如果地面起伏比较多，难以平整，为了便于麦田灌溉，腰沟应适当多一些；如果地面比较平整，腰沟可以少一些；也可以改宽畦为窄畦，改长畦为短畦，改大畦为小畦。一般要求畦宽3~4.5米，畦沟宽20~25厘米，畦沟深25~30厘米。如果采用6行条播机播种，每畦播12行或18行，一般要求行距24厘米，畦埂底宽40厘米、高30厘米左右。

在生产中，多使用开沟机一步完成开沟作畦工作。用开沟机开沟作畦，一定要严格按照操作规程和作业技术要求安全操作。

四 起垄

在高于地面的土壤上栽种作物的耕作方式称为垄作，垄作与平作相比，具有利于提高地温、促进作物根系生长、方便雨季排水等诸多优点。垄作在我国东北、华北等地多用于栽培玉米、高粱等旱地作物；在其他地区主要用于栽培甘薯、马铃薯等薯芋类作物。

起垄是垄作的一项主要作业，分为手工起垄和机械起垄两种方式；可以整地后起垄，也可以不整地直接起垄，山坡地应沿等高线起垄。

考虑到光照、耕作方便和排水、灌溉等要求，垄一般取南北走向，我国西北、东北和沿海地区，垄向多与风向垂直。

垄的高低、垄距因作物种类、土质、气候条件、地势等情况而有一定的差异：我国东北地区的垄，一般垄台高16~20厘米，垄距为60~70厘米。而甘薯栽培中，则有大垄、小垄的分别，大垄在生产中应用比较普遍，一般垄台高30~36厘米，垄距80~100厘米；地势高、水肥条件比较差的地区多采用小垄栽培，一般垄台高18~24厘米，垄距65~85厘米。

五 除草剂使用常识

除草剂是防除杂草的农药类型之一，常规施用方法有两种：一种是土壤处理，另一种是茎叶处理。土壤处理是将除草剂喷洒于土壤表层或喷洒后通过混土操作将除草剂拌入土壤；茎叶处理是将除草剂均匀喷洒在已经出苗的杂草茎叶上。土壤处理也称为土壤封闭处理，分为播前土壤处理、播后苗前土壤处理和苗后土壤处理三类。茎叶处理分为播前茎叶处理和生长期茎叶处理两类。

除草剂在使用时应当严格控制使用浓度：浓度高了，容易产生药害；浓度低了，又起不到很好的除草效果。因此，我们要严格按照使用说明书配制出适宜浓度的药液。

除草剂有多种剂型，剂型不同，药液的配制方法也有所不同。比如乳剂、水剂和胶悬剂等剂型的除草剂可以采用一步稀释法配制；而可湿性粉剂、干燥悬乳剂和浓乳剂等剂型的除草剂必须采用两步稀释法配制。一步稀释就是将一定量的除草剂直接加入喷雾器中稀释。两步稀释的方法是：第一步，按要求准确称取除草剂，加少量水搅动，使药剂充分溶解为母液；第二步，将一定量的母液加入定量水中均匀搅动，配制成稀释液。

要提醒大家注意的是：在喷雾器中配制稀释液，必须先在喷雾器中加入10厘米左右深的水，然后将药剂或母液慢慢加入搅动，再加清水至水位线，最后充分搅匀。

除草剂药液配制好后，应当立即喷施，做到均匀喷雾、不重喷、不漏喷。

六 大田播种

1. 播种方式

农作物大田播种方式一般分为条播、点播、精量播种和撒播。

(1)条播

条播分为手工条播和机械条播两种方式。手工条播是按一定行距开挖播种行，均匀播下种子，并随即盖土。机械条播是用条播机播种，可以一次性完成播种、覆土、播后镇压等作业，播种质量好，工作效率高。采用条播的农作物生长发育期间通风、透光良好，且便于栽培管理和机械化作业，缺点是用种量比较大。

(2)点播

点播也称穴播、点种，分为人工点播、机械点播，人工点播是按一定的行距、穴距挖一个小穴，将种子放入穴中，然后覆土。机械点播是采用半自动化的人工点播器(图2-5)或全自动化的玉米播种机播种。人工点播器比较小巧，一人就可以轻松操作，点播器在一次起落中完成挖穴、投粒、覆土工作。玉米播种机由拖拉机牵引，可以同时完成施肥、播种、覆土、镇压工作，具有播种均匀、深浅一致、行距均匀、覆土良好、节省种子、工作效率高等优点。

图2-5　人工点播器播种

（3）精量播种

精量播种是在穴播基础上发展起来的一种经济用种的播种方式，能将单粒种子按一定的距离和深度，准确地播入土中。目前，在小麦、油菜、玉米等作物上应用比较广。

（4）撒播

撒播是将种子均匀地撒在地里的播种方式，一般先进行精细整地，再撒播种子，然后覆土。撒播比较省工、省时，有利于抢季节生产；但是存在种子分布不均匀、深浅不一致，出苗率受影响，幼苗生长不整齐，田间管理不方便等问题。

2. 播种方法

这里我们介绍几种常见农作物的播种方法。

水稻直播生产中，大多采用手工撒播。一般是在进行水整地之后，按畦定量播种，先播下70%的种子，余下30%的种子用于补缺补稀，做到不漏播、不重播。为了确保畦面不露籽，种子播下后，应当用大扫帚轻拍畦面或用泥浆水塌谷。

小麦播种以机械条播应用最多：一般来说，窄行条播行距13~23厘米；宽窄行条播由1个宽行、1~3个窄行相配置，宽行行距25~30厘米，窄行行距10~20厘米；宽幅条播，一般幅宽10~15厘米，幅距35厘米。

油菜直播也多采用条播机进行机械播种。由于油菜要求行距比较大，所以要对条播机进行适当调整，我们可以通过间隔封堵排种箱内的排种口，将条播机的播种行数减为3行；在行距调节板上移动播种部件的位置，把行距调整为40厘米。

麦收后短季棉播种，不需要对麦收后的地块进行任何处理，只要准备好专用播种机，将行距调整到45厘米，然后把棉花种子倒入播种机中，开动拖拉机就可以直接播种。

农作物种子播入土中后，为了避免风吹日晒，减少水分蒸发，促进早出苗、出齐苗，都需要进行覆土。生产中，应当合理掌握覆土厚度，覆土过深或过浅，都会影响出苗。一般小麦、大豆的覆土厚度为3~4厘米，玉米的覆土厚度为4~6厘米，棉花的覆土厚度为1.5~3厘米，花生的覆土厚度为4~5厘米，油菜的覆土厚度为0.5~1.5厘米。

七 移栽

水稻、油菜、棉花、甘薯等作物多采用育苗移栽方式栽培。移栽，又称定植，是将在苗床中培育的幼苗移栽到大田的作业。

移栽时期应当根据作物种类、适宜苗龄和茬口等来确定，一般水稻中苗适宜的移栽苗龄为4~6叶，油菜为6~7叶，棉花为2~4叶，甘薯为7~8叶，玉米在出苗后25~35天移栽最为适宜。

在移栽油菜苗的前一天，应当给苗床浇透水。起苗时，要按照“移大苗、弃小苗、移壮苗、弃弱苗”的原则，严把质量关，将大小苗、壮弱苗分类。油菜的壮苗标准是:植株矮健,株高20~25厘米,根茎粗6~8毫米,叶片呈青绿色,有6~7片真叶,叶片肥厚,叶柄短,根系发达,没有高脚苗,没有病虫危害。油菜苗移栽密度根据肥力条件而定,一般肥力上等地块每亩栽6000~6500株,肥力中等地块每亩栽7500~8000株,肥力比较差的地块每亩栽10000株左右。移栽时,大小苗分开移栽;先按照计划的行株距挖穴,然后将幼苗栽入土中,用细土壅根,要求不露根茎、不没心叶、行要栽直、根要栽稳、棵要栽正,当天起的苗,当天必须全部栽下,做到不栽隔夜苗。移栽结束后,要立即浇足定根水,定根水必须棵棵浇到、浇足。如果移栽后气温比较高,阳光比较强,可以全田灌水。

我国许多棉区现在正大力推广基质育苗裸苗移栽技术。所谓裸苗,是指根系不带土的苗,在起苗、运苗和栽苗的时候,要尽量保护裸苗的根系和叶片不受损伤。

麦棉两熟棉田,通常采用地膜覆盖方式移栽。一般在移栽前5~7天,选用厚度为0.005毫米左右的透明地膜或可降解膜覆盖畦面;盖膜后先按移栽密度在铺好的农膜上用铲子开沟或打宕,深度为10~12厘米。栽苗时按大小苗分开栽,选择长势一致、健壮的棉苗,除去伤苗、断苗,将棉苗放好,然后覆土并挤紧壅实,做到不露根。最后用土将移栽穴压严实,并清除膜面上的余土。移栽结束后,立即浇定根水,一般每株浇水200~500毫升,宁可多浇也不能少浇。

第五节 田间管理

本节为初级农艺工必备技术的田间管理部分,我们从耕作管理、肥水管理和植株管理三个方面具体介绍中耕除草、培土、追肥方式与方法、灌溉方式与方法、间苗与定苗、整枝、植物生长调节剂的使用等相关内容。

一 耕作管理

1. 中耕除草

中耕是在农作物生育期间所进行的土壤耕作，如锄地、铲地、趟地等，一般与清除田间杂草结合进行。中耕时间和中耕深度应当根据田间杂草发生情况及作物生长情况确定。幼苗期，作物根系分布比较浅，中耕要浅；随着苗逐渐长大，根系向深处伸展，应当加深中耕深度；当作物根系横向延伸以后，就不能深中耕了，而应当适当进行浅中耕。

水稻中耕除草俗称薅秧，一般在返青后进行第一次中耕，隔5~10天再进行一次，最后一次中耕必须在幼穗分化之前结束。薅秧一般结合施肥进行，田间保持浅水，操作时要求捏碎硬块、除去杂草、薅平田面、补好秧窝，做到“草薅死、泥薅活、田薅平”。

玉米苗期一般进行2次中耕（图2-6）：第一次中耕在3~4叶期进行，在行间浅中耕3~5厘米，以松土为主；第二次中耕在定苗后至拔节前，深中耕8~10厘米，做到行间深、苗旁浅，注意不要伤到根系。

图2-6　玉米人工中耕

小麦中耕一般在返青期进行，对生长过旺的麦苗需要进行深中耕，以切断部分根系，抑制地上部生长，控制旺长势头。

大豆生育期间，一般进行2~3次中耕(图2–7)。第一次中耕要早，一般在第一片真叶出现时中耕为好，深度应当掌握在2~3厘米，不能超过4厘米；第二次中耕一般在出现3~4片复叶、子叶开始发黄时进行，深度掌握在4~6厘米；第三次中耕一般在苗高20厘米左右、开花前进行，浅中耕3~4厘米即可。

图2–7　大豆人工中耕

棉田中耕常和追肥、沟灌、排涝等结合进行，要根据天气、苗情灵活掌握。苗期中耕要做到勤、深、细。勤，就是要做到雨后必锄，地里有草必锄；深，是指现蕾后中耕深度应当逐渐加深到10厘米左右，株间中耕深度掌握在4厘米左右；细，就是要做到横锄竖锄，四面见锄，不漏锄，不留草，不伤苗，不埋苗。在开花至盛花期，如果棉株营养生长过旺，还可以进行深中耕。盛花期以后，中耕深度应当浅一些，掌握在4~6厘米即可。

2. 培土

培土也叫壅根，是结合中耕把土壅到作物根部四周的作业，目的是增加茎秆基部的支撑力量，同时还具有促进根系发展，防止倒伏，便于排水、盖料等作用。给越冬作物培土，还有提高土温和防止根部受冻的作用。

油菜一般在霜冻来临之前，结合覆盖草木灰或土杂肥进行一次培土（图2-8）；在追施腊肥时，结合追肥再进行一次培土。培土时力求做到不打叶、不压菜心。

图2-8　油菜中耕培土

大豆一般在苗高20厘米左右时，结合第三次浅中耕进行培土（图2-9），培土高度以略高于子叶节为准。

图2-9　大豆中耕培土

棉田培土(图2-10)的时间因种植方式和土壤类型不同而有差异。长江流域棉区,苗期多雨,为了排渍,应当从定苗后开始逐步培土,直到封行结束,一般进行3~4次为好。地膜覆盖棉田则在揭膜后进行培土。在棉花生长前期培土时要注意土不压苗,之后再逐渐增加培土高度,最后高度达到12厘米,不能一次培土太高。

图2-10 棉田培土

二 肥水管理

1. 追肥的方式与方法

农作物的追肥通常以氮肥为主,也可以适当追施磷肥、钾肥和微量元素肥料。追肥一般应当在农作物的营养临界期或营养最大效率期进行,以及时满足农作物在需肥关键时期对养分的需求。

农作物追肥方式分为根部追肥和根外追肥两种。

(1)根部追肥

生产中常用的根部追肥方法主要有直接撒施、随水浇施、深埋施肥。

直接撒施是在浇水后或下雨后,将肥料直接施在作物的株行间。这种施肥方法比较简单，但会造成肥料挥发损失，一般在田间操作不太方便，只在作物需肥比较急的情况下采用。

随水浇施是结合浇水，将肥料随水施入作物根系周围的土壤中。这种施肥方法比较适合在肥源充足、种植面积大等比较突出的情况下采用。在作物大面积出现严重缺肥症状时，随水浇施是首选的追肥方法。

深埋施肥是在作物株行间开沟挖坑，将肥料施入坑中，然后覆土盖肥。这种施肥方法肥料浪费少，但是比较费工。施肥时要注意：埋肥的沟、坑应当距离作物根、茎基部10厘米以上；肥料埋施后，一定要随即浇水，防止发生肥害。

（2）根外追肥

根外追肥也称为叶面施肥，是将速效肥料、水溶性肥料、生物活性物质的低浓度溶液和一些微量元素肥料等按一定的比例溶于水中，喷洒到作物叶面上；在营养元素明显缺乏和作物生长后期根系吸收能力下降的情况下使用效果更好。

生产上，常常结合病虫害防治进行根外追肥。叶面肥一定要充分溶解，与水充分混匀，并且随配随喷。一些微量元素肥料，如硼砂等，比较难溶于凉水；配制肥液时，应当先用适量温水溶解，再加水稀释到所需的浓度。

叶面施肥要掌握好肥液的浓度和喷施时间，防止发生肥害。比如水稻，在抽穗开花期表现为脱肥，如果整体叶色偏黄，天气又晴好，一般每亩用0.5千克尿素加上200克磷酸二氢钾，兑水50千克进行叶面喷施。再比如棉花，后期容易缺肥早衰，这就需要我们进行叶面追肥。一般对叶片显黄、有早衰现象的棉株喷1%~2%的尿素溶液，对长势偏旺的棉株喷0.2%~0.3%的磷酸二氢钾溶液，隔5~7天喷一次，连喷2~3次。油菜是对硼比较敏感的作物，应当在苗期和薹花期对叶面喷施一次0.1%~0.2%的硼砂水溶液。芝麻一般在花期对叶面喷施0.2%的硼砂水溶液。

叶面喷肥的时间一般掌握在晴天的上午9至11点或下午4点以后没有露水时，要避开中午的高温时段。操作时，做到不重喷、不漏喷，特别是叶片的正反面都应当均匀喷遍；喷施后3~4个小时内如果下雨，应当在天晴后重喷一次。

叶面施肥只能作为一种辅助措施，要满足作物的养分需求，还应当以根部施肥为主。

2. 灌溉的方式与方法

农田灌溉分为地面灌溉、地下灌溉、喷灌和滴灌四类。生产中，常用的地面灌溉方式主要有畦灌、沟灌和淹灌；地下灌溉方式分为暗管灌溉和地下浸润。

生产中，应当根据不同的农作物对水分的需求特点、土壤墒情、各地的气候变化特点等具体情况合理灌溉。以水稻为例，它在整个生长发育期间，基本上是以水层淹灌为主。生产上，一般采取这样的管理措施：返青期保持3厘米左右深的水层；分蘖期在追施分蘖肥以后，灌上3厘米左右深的浅水；等水自然落干后再灌浅水。这样浅水勤灌，保证田面薄水或者没有水层，但要一直保持湿润的状态，以水调肥，以气促根。当亩茎蘖苗达到预计穗数的80%时，采取“轻而多次”的方法排水搁田：先开沟排水晒田，晒到田边起细裂缝，人站在田面上，虽有明显的脚印，但不下陷时，再灌上3厘米左右深的浅水；隔2~3天后再晒田，如此反复进行，直到分蘖数不再上升为止。搁田结束后，立即给稻田灌上3厘米左右深的浅水，孕穗期和抽穗开花期一直保持3厘米左右深的浅水层。开始灌浆时，进行间歇灌溉，确保稻田始终保持湿润状态，一般灌一次水，让稻田自然落干，湿润2~3天后，再灌一次新水，反复进行，直到收割前一周左右停止灌水。

要提醒大家注意的是：水稻抽穗至灌浆期间，如果日平均气温高于30 ℃，应当进行深灌水或者采取早晨灌深水、傍晚放干水的灌溉方法预防高温热害的发生。

三 植株管理

植株管理是指运用各种技术手段，如合理安排作物种植密度、使用植物生长调节剂、加强田间管理等，促进或调节作物的生长发育，使作物生长向着人们期望的方向发展，达到高产、优质、高效目的的技术措施。

1. 间苗与定苗

间苗与定苗是合理安排作物种植密度的重要措施之一。间苗又称疏苗，是在作物苗期，分次间除弱苗、杂苗、病苗，保持一定株距和密度的作业。间苗要遵循"去密留匀、去大留小、去病留健、去杂留纯、去密留稀"原则。定苗是直播作物在苗期进行的最后一次间苗，要求按预定的株行距和一定苗数的要求，留匀、留齐、留好壮苗。

直播油菜一般在幼苗长出1片真叶时开始间苗，做到棵棵放单；2~3叶期进行第二次间苗，做到叶不搭叶，按定苗数的1.5倍左右留苗；当长出4~5片真叶时定苗。

直播大豆一般在子叶刚展开时间苗，间苗、定苗一次完成。穴播的通常每穴留2株，条播的按保苗计划留足苗。

直播玉米一般在3~4叶期进行间苗，4~6叶期定苗。

直播高粱一般在幼苗2~3叶期间苗，缺苗的及时移苗补栽上；在4叶期初期定苗，定苗时间应当不晚于5叶期，每穴定苗2~3株。

直播棉的间苗、定苗时间应当根据气温变化和病虫害发生情况灵活掌握。在气温稳定、病虫害比较轻的情况下，一般在齐苗后间苗，长出2~3叶时定苗；在气温变化大、病虫害比较严重的情况下，一般在齐苗后先疏苗，等长出1片真叶时进行一次间苗，长出3片真叶时进行定苗。

在间苗、定苗过程中，发现断垄缺棵的，应当及时用间出的壮苗来进行移苗补栽。补栽后要及时浇水，促进缓苗，提高成活率。

2. 整枝

整枝是指摘除植株的一部分枝叶、侧芽、顶芽、花、果等。合理整枝可以抑制植株过旺生长、防止徒长、避免田间郁蔽、减轻病虫害、增花增荚、增加产量、提高品质。不同作物的整枝措施各有不同。

(1)打老叶

打老叶可以有效改善田间的通风、透光条件,达到防病增产的目的。打老叶要适时,比如油菜一般在开花期,大豆一般在植株封行以后,棉花一般在植株下部果枝有成形大桃时,即可开始摘除植株中下部的病老黄叶。

(2)去枝叶

去枝叶是减少营养消耗,改善通风、透光条件,防止徒长的措施之一。比如棉花,一般在现蕾后就要及时去枝叶,将第一果枝以下的无效枝叶幼芽和弱枝去除,保留健壮的、与行向垂直的上位枝叶。生长过旺的棉田,可以将果枝以下的枝叶全部去除。

(3)摘蕾

摘蕾的目的是抑制生殖生长,促进营养器官生长。比如棉花一般在棉株有6~7个果枝时,需要一次性摘除下部的1~4个果枝上的4~8个蕾(图2-11),立秋以后长出的无效蕾也应当及时摘除。

(4)摘心

摘心也称打顶,是棉花、烟草、大豆等作物整枝工作的中心环节,能有效抑制顶端生长优势,促使多长侧枝,多开花结果,提高产量和品质。生产中,应当根据气候条件、土壤肥力、种植密度和植株长势等情况,掌握适宜的打顶时间。

棉花打顶(图2-12)应当遵循“时到不等枝,枝到不等时”的原则,一般密度为每亩2 000株,单株果枝在20个左右就可以打顶了。打顶时,只需打去顶尖连带一片刚展开的小叶即可。打顶后要分次打掉中、上部果枝的边心。

图2-11 棉花摘蕾

图2-12 棉花打顶

烟草打顶一般在花蕾露出顶叶2厘米左右,能分清幼叶和花蕾时进行。

大豆打顶时间根据品种灵活掌握:一般有限生长型的大豆在初花期打顶,无限生长型的大豆则应该在盛花期以后打顶。将主茎顶端摘去2厘米左右即可。

(5)抹杈

抹杈也叫抹芽、打杈,是烟草生产中不可缺少的管理措施之一,不但可以减少养分的消耗,而且还可以减轻病虫害。抹杈有两种方法:一种是人工抹杈，一种是药剂抑芽。人工抹杈，一般在打顶后5~7天，抹去长度约2厘米的腋芽，以后每隔5~7天要抹一次，直到收获。药剂抑芽是用抑芽剂抑制腋芽生长。一般在第一次人工抹杈后3天内进行，可以用36%止芽素250毫升兑水20千克稀释，从烟株顶端向下喷淋至每一个腋芽。

3. 植物生长调节剂的使用

在农业生产上，应用植物生长调节剂对作物进行化学调控，使作物生长发育朝着我们预期的方向、目标发生变化，已经成为实现作物高产和优质的重要技术措施。

植物生长调节剂分为植物生长促进剂、植物生长延缓剂和植物生长抑制剂三类。目前，在大田作物生产上应用比较多的主要是前两类。植物生长促进剂能促进植物营养器官的生长和发育，常见的药剂有赤霉素、乙烯利等。植物生长抑制剂与植物生长延缓剂可以延缓植物生长，使植物的根系发达，茎秆变粗，增强植株抗逆性，常见的有矮壮素、多效唑、缩节胺等。

在使用植物生长调节剂时，要根据农作物的品种特性、生育期和应用生长调节剂的目的，选择对口的调节剂。比如，要调节花期、促进成熟，应当选择赤霉素、乙烯利等促进生长的调节剂；要提高分蘖力，防止倒伏，应当选择矮壮素等生长延缓剂；要培育矮壮苗，应当选择多效唑等药剂。

植物生长调节剂对农作物的生长发育具有促进和抑制的双重效应，在使用时，要严格按照说明书要求，控制好药液浓度和药液量。比如对分蘖比较多、植株长势比较旺盛的麦田，一般在返青后拔节前，每亩用15%多效唑可湿性粉剂50克兑水50千克喷施，控制基部节间伸长，降低株高，防止后期倒伏。

使用植物生长调节剂要根据农作物的长势，充分考虑环境的温度、光照、湿度等因素的影响。一般来说，农作物长势好的浓度可以稍高一些，长势弱的浓度要稍低一些；高温下浓度要低一些，低温下浓度要高一些；干旱时，浓度要低一些，雨水充足时，浓度要高一些。

植物生长调节剂要掌握使用的最佳时期，过早或过晚效果都会受到影响。一般最佳喷施时间为晴天的下午4点以后，要避开中午的高温时段，以免光照太强、药液干燥过快而影响叶片吸收。喷施后8个小时内遇雨应当补喷一次。

需要提醒大家注意的是，在大面积使用植物生长调节剂之前，一定要先进行小规模的试验，以确定适宜的调节剂种类、剂型、浓度。

第六节　病虫害防治与收获管理

本节为初级农艺工必备技术的病虫害防治与收获管理部分，主要内容包括常用病虫害防治方法，农药的使用方法，药械的使用、清洗与保管，收获管理和仓库虫鼠害的防治。

一　常用病虫害防治方法

农作物病虫害防治方法包括农业防治、生物防治、物理防治和化学防治。

1. 农业防治

农业防治是运用各种栽培管理技术措施，有目的地改变某些环境条件，创造有利于作物生长发育和天敌发展而不利于病虫害发生的条件，从而直接或间接地控制或消灭有害生物。农业防治的措施主要包括选用抗病虫品种、改进耕作制度、加强田间管理等。

选用抗病虫品种是最经济有效的病虫害防治措施。改进耕作制度的措施包括实行合理的轮作倒茬、进行正确的间作套种和合理的作物布局等。实行合理的轮作倒茬可以改变病虫害发生的环境条件，能减轻一些土传病害和地下害虫的危害。正确的间作套种有助于害虫天敌的生存繁衍,能直接减少虫害的发生。而科学调整作物布局可以使病虫的侵染循环或年生活史中某一段时间的寄主或食料缺乏,从而达到减轻病虫害的目的。通过合理密植、适时中耕除草、科学管理肥水、及时整枝打杈、摘除黄叶、清洁田园等,加强田间管理,能显著增强作物抗御病虫害的能力。此外,通过深耕改土、设置诱杀田、调节播种期等来防治病虫害,也是农业防治的重要措施。

2. 生物防治

生物防治是利用自然界中各种有益生物或生物的代谢产物来控制有害生物种群或减轻有害生物危害程度的方法,包括以虫治虫、以菌治虫、以菌治菌、以菌治病。

以虫治虫就是利用害虫的天敌防治害虫,比如在玉米螟初卵期人工释放赤眼蜂,能有效防治玉米螟。

以菌治虫又称为微生物治虫,是利用害虫的病原微生物(如细菌、真菌、病毒)防治害虫,比如用苏云金杆菌防治棉铃虫、用白僵菌防治稻纵卷叶螟。

以菌治菌是利用微生物或它的代谢产物防治病原微生物,比如用芽孢杆菌防治棉花枯萎病、稻瘟病、小麦赤霉病等。

以菌治病是利用微生物对病原的拮抗作用防治作物病害,比如用春雷霉素防治稻瘟病,用井冈霉素防治水稻纹枯病等。

此外,保护鸟类、蛙类等有益动物或稻田养鸭,也是有效的生物防治方法。

3. 物理防治

物理防治是利用光、电、声、颜色、温度、湿度等各种物理因子或机械作用对有害生物的生长、发育、繁殖等进行干扰来达到防治病虫害的目的;可以用于病虫害发生之前,或者作为有害生物已经大量为害时的急救措施。

在农作物生产中，常用的物理防治方法主要有捕杀法、诱杀法、汰选法、温度处理法。捕杀法是根据害虫的群集性、假死性等生活习性，利用人工或简单的器械进行捕杀，如人工挖掘、捕捉地老虎幼虫、振落捕杀金龟甲等。诱杀法是利用害虫的趋性或其他习性诱集并杀灭害虫，常用方法有灯光诱杀、食饵诱杀、植物诱杀、黄板诱杀、性诱剂诱杀等。汰选法是通过手选、筛选、风选、盐水选等选种方法剔除携带病菌和虫卵的种子。温度处理法是生产中比较常用的，最典型的就是温汤浸种，比如水稻种子采用温汤浸种处理，可以杀死稻瘟病、恶苗病、干尖线虫病的致病菌。我们在具体操作时，先将稻种在冷水中浸24个小时，然后在40℃~45℃的温水中浸5分钟，再移到54℃的温水中浸10分钟，最后将水温保持在15℃左右，使种子吸水饱和即可。

4. 化学防治

化学防治也称药剂防治，是利用化学农药防治有害生物的方法，是防治害虫最有效、最直接的措施，防治效果显著，收效快，尤其可以作为暴发性病虫害的急救措施。

化学防治在综合防治中占有重要地位，但是它的缺点也比较突出，比如容易造成人畜中毒，会杀伤害虫的天敌，会使害虫产生抗药性，会对环境造成污染等。因此，我们在应用化学防治方法时，一方面应注意与其他防治方法的配合使用，另一方面要尽量选用高效、低毒、低残留的农药。

二 农药的使用方法

农药的使用方法有很多，在大田作物生产中，应用比较多的主要有喷雾法、土壤处理法、拌种法、浸种法、毒饵法、毒土法等，我们在使用时，应当根据防治对象的生活习性、发生发展规律以及农药制剂的性质，采用正确的使用方法，才能获得满意的防治效果。

1. 喷雾法

喷雾法是目前生产上应用最为广泛的一种施药方法。适合于喷雾法的农药剂型有可湿性粉剂、可溶性粉剂、乳油、乳剂、悬浮剂、水剂等；稀释用水应当用清洁的江、河、湖、溪和沟塘的水，尽量不用井水，更不能使用污水、海水或咸水。

2. 土壤处理法

土壤处理是将药剂与细土、细沙或炉渣灰等混合均匀后撒施或喷洒在土壤表面，然后用耧耙翻耕入土或者开沟施入土中再覆土。这种方法一般用于防治地下害虫、线虫和土传病害。比如用2.5%敌百虫粉剂2~2.5千克拌和细土25千克，撒施后立即翻耕，对防治小地老虎很有效。

3. 拌种法

拌种多用粉剂或颗粒剂处理，是将一定量的药剂和定量的种子混拌均匀，使每粒种子表面都附着一层药粉（图2-13）。用药剂拌过的种子，一般要堆闷一段时间，使种子尽量多地吸收药剂。拌种时，必须戴防护手套，严禁用手直接拌种。拌过药的种子尽量用机具播种，如果用手撒播或点种，务必要戴上防护手套，以免发生中毒事故。

图2-13 用药剂拌种

拌种处理对防治作物苗期地下害虫和通过种子传播的病害效果比较好。不过，拌种前一定要先做室内发芽试验。另外，在药剂使用上，要根据作物及天气、温度等情况掌握安全的剂量。

4. 浸种法

浸种是将种子浸泡在一定浓度的药液里，用来消灭种子携带的病菌或虫卵。浸种要严格掌握用药浓度、浸种时间和温度；种子浸泡过有些药剂后要用清水清洗，以免发生药害。

5. 毒饵法

毒饵（图2–14）是将害虫喜食的饵料与农药混拌均匀配制而成的，主要用于防治地下害虫、鸟害和鼠害，通常在傍晚撒施或丢施在防治对象经常活动和便于取食的地方。常用的毒饵饵料主要有麦麸、米糠、豆饼、花生饼、青草、树叶等。所用的药剂要求具有强烈胃毒作用。

图2–14　制作毒饵

6. 毒土法

毒土是将农药与细土均匀混合在一起制成的，主要用于防治地下害虫和水稻田除草，可以采取沟施、穴施或撒施。比如，在水稻进入分蘖期后，每亩用50%苯噻草胺可湿性粉剂30~40克或14%乙苄可湿性粉剂50

克，按照说明书拌细潮土撒施于稻田，可以有效防除稗草、莎草及阔叶类杂草等；每亩用1~1.5千克3%氯唑磷颗粒剂，加入过筛细干土20~25千克，拌匀后撒施在作物植株根部附近，可以有效防治地老虎、蝼蛄等地下害虫。要提醒大家注意的是，剧毒农药不能配成毒土撒施。

三 药械的使用、清洗与保管

1. 药械的使用

生产上，用于防治病虫害的药械以背负式手动喷雾器最为常见。

喷雾作业最好选择在无风天进行，雨天或气温超过32℃的高温天气不能喷药。确定气象条件适宜以后，调整喷雾器：在喷雾器皮碗及摇杆转轴处涂上适量的润滑油；根据施药人员的身高，调节好背带的合适长度；往药桶内装入适量清水进行试喷，就是以每分钟10~25次的频率摇动摇杆，检查各个密封处有没有渗漏现象，喷头处的雾型是否正常。喷雾器调整好之后，在开关关闭的情况下往药桶中加入药液。注意，加注药液要用滤网过滤，药液的液面不能超过桶壁上的安全水位线。药液加注完毕后，盖紧桶盖。

开始喷雾作业时，应当先压动几次摇杆，使气室内的气压达到工作压力后再打开开关，然后边走边打气边喷雾。如果压动摇杆感到十分吃力，千万不能过分用力，以免引起气室内爆炸。对于工农-16型喷雾器，一般走2~3步，摇杆上下压动2次；每分钟压动摇杆18~25次即可。

作业时，施药人员应当站在上风处，进行顺风隔行施药，行走方向要求与风向平行，在施药过程中，要随时根据风向变化，及时调整行走方向和喷药方向；另外，喷头的离地高度、施药人员的行走速度和行走路线要保持一致，力求药剂沉积分布均匀，不得重喷和漏喷。

2. 药械的清洗与保管

在每次喷药工作结束后，应当认真、彻底清洗药械。清洗时，先倒出药桶内的残余药液，然后加入少量清水，将桶内的水喷洒干净，接着用清水清洗药械的各个部位。下次使用时要更换药剂或作物，为了防止两种药剂产生化学反应而影响药效或者原本的药剂对另一种作物产生药害，应当用浓碱水反复多次清洗；也可以用大量清水冲洗后，用0.2%碳酸氢钠水溶液或0.1%活性炭悬浮液浸泡，最后用清水冲洗干净。

每年防治季节过后，应当将药械清洗干净，并且在药械的各个活动部件以及非塑料接头处涂上黄油，然后打开开关，将药械存放在室内通风干燥处。

四 收获管理

适时收获是保证作物高产优质的重要技术措施。

1. 作物的成熟标准

生产上一般根据作物的外部形态特征来判断作物是否成熟。水稻成熟的标准是：全田有70%左右的枝梗已经枯黄；从稻穗的外部形态来看，谷粒基本都已经变硬，穗轴上部已经发干，而下部已经发黄，但是茎秆还是青色，谷粒变硬，呈透明状。小麦成熟的标准是：麦秆转黄；穗头由绿变黄；籽粒呈蜡质状，并且变硬。玉米成熟的标准是：果穗苞叶变黄并且干枯松散，茎叶开始枯黄，籽粒变硬、有光泽。油菜成熟的标准是：茎秆变黄，主茎和分枝上的叶片基本脱落，植株大约2/3的角果呈现黄绿色至淡黄色，主花序基部角果开始转为枇杷黄色，种皮变成黑褐色，种子呈现品种固有的光泽。大豆成熟的标准是：茎秆呈浅棕色，叶片黄落，豆荚呈褐色，豆粒变硬，摇动植株有响铃声。

2. 作物的收获方法

作物的收获方法分为人工收获和机械收获两种。

人工收获方法包括刈割、拔苑、挖取、摘取等。多数禾谷类作物、豆类作物及油料作物采用刈割方法，用镰刀刈割后再脱粒，有时也采用拔苑方法收获。甘薯、芋头等薯芋类作物多采用挖取方法，一般是先将地上部分用镰刀割去或手工拔除，然后用工具挖取。人工收获玉米一般是在茎秆直立的情况下，将玉米穗连同苞叶一起整个掰下，再集中去除外边的苞叶。收获棉花时，直接将籽棉从棉株上摘取下来，再机械脱籽。

机械收获是利用各种收获机械进行作物收获，比如用联合收割机收获小麦、水稻、玉米、油菜等，可以一次性完成割秆、脱粒、秸秆还田等多项作业，工作效率高，有利于抢茬耕种。

3. 田间清理

作物收获后的田间清理工作包括两个方面：一是秸秆的清理，二是土地的清理。秸秆清理的方法分为两种：一种是将收获后的空秆用手工拔除或用镰刀割倒，稍稍晒干后运离田间；另一种是直接粉碎还田。土地清理主要是将残茬、枯枝黄叶、杂物等清理干净；尤其是采用薄膜覆盖栽培的作物收获后，要及时将残留的薄膜彻底清理掉，避免污染环境。

4. 作物产品的贮藏方法

作物产品收获后，应当及时晒干扬净，去除产品中的杂质、破碎粒、秕粒等；当产品的含水量达到安全贮藏要求时，放到通风干燥的仓库内贮藏。

作物产品的贮藏方法有容器贮藏、囤装贮藏、窖藏等，具体采用哪种贮藏方法，主要根据产品的贮藏特性而定。多数作物产品采用容器贮藏法和囤装贮藏法贮藏。甘薯多采用半地下式棚窖贮藏法。一般棚窖入土深度为0.8~1米，总高度在3米左右，宽度在2.5~3米，长度根据贮藏量而定。窖顶呈拱形，上面设有多个调节窖温的通风口。在棚顶外部覆盖一层塑料薄膜，四周用土压实，起保温作用。

五 仓库虫鼠害的防治

1. 仓库虫害的防治

仓库虫害的防治要从加强仓储管理入手：一方面要保证屋顶和门窗能防雨雪，仓库要通风、防潮；另一方面要保证仓库内环境整洁，在贮藏粮食之前，要彻底清除仓库内的垃圾、灰尘及仓库外面的杂草、垃圾等，打扫完仓库后还应当进行必要的消毒，尤其是对屋顶、贮藏设备内部等不易清扫的地方要彻底消毒。

仓库虫害的防治方法主要有物理方法和化学方法两种：物理方法包括高温杀虫、低温杀虫、充氮降氧法、辐射法、黑光灯诱捕法等，化学方法包括喷洒药剂防虫带、空仓消毒和药剂熏蒸等。

2. 仓库鼠害的防治

仓库鼠害防治首先应当建造合理的防鼠建筑，就是要求门窗要紧闭，不留缝隙，门槛要稍高一些，墙基和墙壁之间要填补严密，地面要求硬质化，通往室外的管道和电线周围要求不留孔隙。其次就是要搞好卫生工作，尤其是仓库周围的杂草、垃圾、砖瓦石块等要清理干净，库存的农产品应当适当垫高，并且与墙壁保持一定的距离。贮藏期间，要经常检查有无鼠洞，发现有鼠洞，及时封堵。

仓库鼠害防治通常采用捕鼠器械捕鼠和化学药剂灭鼠两种方法。常用的捕鼠器械有捕鼠夹、捕鼠笼、电子捕鼠器等。电子捕鼠器又称电猫，在使用过程中要注意几点：第一，捕鼠线必须拉紧，要保证绝缘物绝缘良好；第二，安放捕鼠线时，如果地面干燥，可以洒些盐水，增强地面的导电性；第三，死亡的老鼠要及时清理掉，防止畜禽等误食而引发二次中毒事故。常用的灭鼠剂有敌鼠钠盐、杀鼠灵、磷化锌等；应用中，应当合理交替使用，避免老鼠产生抗药性，影响灭杀效果。

第三章　中级农艺工

第一节　播前准备

本节为中级农艺工必备技术的播前准备部分，主要内容包括基肥种类和施肥量的确定、播前土壤墒情诊断、除草剂的使用、常用化肥的质量鉴别、常用农药外观质量辨别。

一　基肥种类和施肥量的确定

为了保证作物生长发育良好，基肥要施好、施足。

1. 基肥的种类

作物基肥包括有机肥、化肥等。一般要求以有机肥为主，配合施用一定量的氮、磷、钾肥；另外，根据作物需要，还应当适量施用一些微量元素肥。

生产中，常用的有机肥种类主要有粪尿肥、堆沤肥、微生物肥、绿肥、土杂肥等。常用的化肥种类包括氮肥、磷肥、钾肥、硫肥等。氮肥分为铵态氮肥、硝酸态氮肥、酰胺态氮肥和长效氮肥四种类型。铵态氮肥有碳酸氢铵、硫酸铵、氯化铵、氨水等，硝酸态氮肥有硝酸钠、硝酸钙等，酰胺态氮肥主要有尿素，长效氮肥有脲甲醛、包膜氮肥等。生产中常用的磷肥主要有过磷酸钙、重过磷酸钙、磷酸铵、磷酸二氢钾、钙镁磷肥、磷矿粉等。常用的钾肥主要有氯化钾、硫酸钾、草木灰等。常用的硫肥主要有硫酸铵、硫酸钾、硫酸镁、石膏、硫黄及硫包衣尿素等。

目前，生产上也有根据各种作物的需肥特点研制生产的各种专用肥，比如水稻专用肥、小麦专用肥、棉花专用肥等，这些专用肥一般都作为基肥一次性施用。对微量元素肥有需求或比较敏感的作物，基肥中还应当加入适量的硼肥、锌肥等微量元素肥。

2. 施用量的确定

基肥施用量应当根据作物的种类、作物的需肥特点、栽培方式、目标产量、土壤肥力、肥料种类等因素来综合确定。生产中，一般将有机肥、全部的磷肥、全部的钾肥和氮肥总量的40%~50%作基肥，一次性施下。

硫肥的施用量应当根据作物的种类和土壤的缺硫程度而定。一般来说，缺硫土壤每亩施纯硫1.5~3千克就可以满足当季作物的需求。以安徽省的几种作物为例，适宜的施硫量为：水稻和小麦每亩施2千克，大豆每亩施4千克，油菜每亩施4~6千克。硫肥施入土壤以后，会提高土壤的酸度，所以，施用了硫肥的田块，应当施用适量的石灰来中和土壤的酸碱度。

二 播前土壤墒情诊断

土壤墒情的诊断指标以土壤含水量与田间持水量比值的百分数来表示。诊断土壤墒情，重要的是要测出田间持水量，这是因为田间持水量既是农田灌溉的重要参数，又是农田灌溉水量的依据。

1. 田间持水量的测定

田间持水量的测定多采用田间小区灌水法，当土壤排除重力水后，测定的土壤湿度就是田间持水量。测定田间持水量之前，我们首先准备好测定仪器和工具，包括土壤水分快速测试仪、土钻、卷尺、水桶、铁锹、塑料薄膜等。具体测定时，可以按这样的程序操作：第一步，在所测定的地段上量取边长为2米的正方形平坦场地，清除掉杂草并稍加平整，周围筑一道比较结实的土埂。第二步，在灌水前测定土壤湿度。在准备好的场地外1~1.5米处，根据当地应测定田间持水量的深度取两份重复的土样，用土壤水分快速测试仪测定土壤湿度，求出所有测量值的平均值。第三步，灌水与覆盖。我们根据公式$Q=2\frac{(a-w)\times S\times h}{100}$来计算灌水量。式中的$Q$为灌水量，单位为立方米；$a$为假设所测深度土层中的平均田间持水量，沙土取20%，壤土取25%，黏土取27%；w为灌水前所测深度的各层平均土壤湿度，用百分数表示；S为灌水场地面积，单位为平方米；h为所要测定的深度，单位为米。在计算灌水量时，应当注意保证小区需水量的保证系数。干旱地区可以适当增加灌水量，所有水应该在一天内分次灌完。为避免水流冲刷表土，可以先在小区内覆盖一些秸秆再灌水。当水分全部下渗，土壤表面没有明水后，再覆盖秸秆和塑料薄膜，防止表土水分蒸发或降水落到小区内。第四步，测定灌水后的土壤湿度。当重力水下渗后，开始用土壤水分快速测试仪测定土壤湿度。第一次测定土壤湿度的时间根据土壤性质而定，一般，沙性土在灌水1~2天后测定，壤土在灌水2~3天后测定，黏土在灌水3~4天后测定，每天取1次，每次取4个重复测定点，测定点不要靠近小区边缘；土壤湿度的测定方法同烘干称重法。第五步，确定田间持水量。每次测定土壤湿度后，逐层计算同一层前后两次测定的湿度差值，如果某层差值≤2%，则第二次测定值就是这一层土壤的田间持水量，下次测定时，这一层土壤湿度可以不测定；如果同一层差值大于2%，则需要继续测定，直到出现前后两次测定值之差≤2%为止。

2. 底墒水灌溉量的测定

要想知道作物播种前是否需要灌溉底墒水，只要把我们测得的土壤含水量与作物播种要求的土壤湿度下限做个对比就知道了。比如，小麦播种要求的土壤湿度下限为70%，而我们测得的土壤含水量只有60%，显然，实际田间土壤湿度已经低于小麦正常出苗生长所需的湿度了，属于缺墒范围，那就必须在耕地播种前灌水了。

底墒水的灌溉量公式:灌水量=667平方米×(田间持水量－土壤含水量)×容重×湿润层厚度。比如小麦播种时,土壤湿润层应该达到0.6米,假如我们测得这个土层的含水量为16%,田间持水量为26%,容重为1.2克/厘米^3,那么,计算出来的结果约为48立方米,也就是说,每亩田块中我们要灌水48立方米,才可以满足小麦播种要求。

三 除草剂的使用

1. 土壤封闭除草

土壤封闭除草就是利用土壤处理型除草剂进行除草。土壤封闭除草可以在整地后播种前或作物播种后出苗前进行,通常采用土表处理和混土处理两种方式。土表处理就是直接将除草剂药液喷洒于土壤表面,不需要翻动土壤。比如直播水稻一般在播种前,每亩用5%精喹禾灵乳油100毫升兑水50千克进行地表喷雾,对稗草和大部分阔叶草都有良好的封杀效果。稻茬免耕小麦田,一般在播种前5~7天,每亩用10%的草甘膦水剂500毫升或41%的草甘膦水剂150~200毫升兑水50千克进行地表喷雾。夏玉米一般在播种后出苗前,每亩用50%莠去津可湿性粉剂150~200克或40%莠去津悬浮剂175~200毫升兑水30千克进行地表喷雾。

一些易挥发、易光解的除草剂,比如氟乐灵、二甲戊乐灵等,在施用时应当采用混土处理方式,就是在施药后要立即耙地混土,一般混土深度掌握在3~4厘米。直播棉田一般在整地后播种前,每亩用48%氟乐灵乳油125~150毫升兑水50千克,均匀喷洒于土表,混土2~3厘米深(图3-1)。

2. 除草剂的混用

在生产上,为了达到“一次用药,防治多种杂草”的目的,我们常常需要将两种或多种除草剂进行混合使用。并不是所有的除草剂都可以混合使用,混用除草剂必须遵循以下原则:首先,混用的除草剂必须杀草谱不同;其次,混用的除草剂使用时期和使用方法必须吻合;再次,混用的

图3-1　直播棉田的封闭除草

除草剂使用量要相对减少，一般为单一用量的1/3至1/2。

四 常用化肥的质量鉴别

我们通常可以通过看包装、看形态、看颜色、用手摸、用鼻子闻、用火烧、用水溶等方法，来对化肥的真伪、优劣进行直观和简单的鉴别。一般来说，正规厂家生产的化肥外包装规范、标识完整、字迹清晰，上面应该注有商标、产品名称、净重、厂名、厂址等。另外，正规厂家生产的化肥内外包装都封口严密、牢固；如果封口粗糙、容易破漏，或者有明显拆封痕迹，很有可能是假冒伪劣化肥。

这里，我们简单介绍几种常用化肥的质量鉴别方法。

1. 尿素的质量鉴别

尿素为无味、大小一致的半透明颗粒，表面不反光，手感光滑、松散，没有潮湿感。如果颗粒表面过于发亮或发暗，或者有明显的反光，手摸有灼烧感或刺手感，可能其中混有杂质。

将少量尿素放入盛有干净凉水的杯中，充分摇匀，尿素会很快溶解在水中，而且溶液是透明的；如果尿素溶解缓慢，溶液不透明，应该是假尿素。

把少量尿素放到试管中，用酒精灯加热，尿素能迅速熔化成沸腾的水状物，取一块玻璃片接触试管中冒出的白烟，稍停留片刻，可以看到玻璃片上附有一层白色结晶；如果是假尿素，玻璃片上很难有结晶物出现。

我们也可以通过试水温来辨别尿素的真假：在装有清水的烧杯中放入真尿素，水温会迅速下降；如果水温不下降，可以断定它是假尿素。

2. 碳酸氢铵的质量鉴别

碳酸氢铵外观为白色或微灰色结晶。取一小勺碳酸氢铵放入盛有干净凉水的杯中，充分摇匀，碳酸氢铵会完全溶解在水中，同时，我们可以闻到比较大的氨味；伪劣品氨味比较淡，甚至闻不到氨味。

将少量碳酸氢铵放到试管中，用酒精灯加热，碳酸氢铵能够直接分解得干干净净，不留任何残留物，并且伴有白烟冒出，可以闻到浓烈的氨味；假碳酸氢铵加热后很难分解或不能完全分解。

3. 磷酸二铵的质量鉴别

磷酸二铵的颗粒颜色为土黄色，表面略光滑，并且色泽一致，能溶于水。用手抓一把磷酸二铵握在手中，握一会儿，就会有潮湿的感觉，如果把少量磷酸二铵放在手心里揉，手上会油光油光的；如果是假的，握在手里就不会出现这样的现象。

4. 氯化钾的质量鉴别

氯化钾为白色、浅黄色或淡红色不规则结晶体或颗粒，能完全溶于水。真氯化钾颗粒硬度比较大，用手捏不容易碎；而假氯化钾可以轻松用手捏碎。真氯化钾放在烧红的木炭上，外形和颜色不会发生任何变化，且伴有“噼啪”的爆裂声；如果外形和颜色发生变化或没有“噼啪”的爆裂声，一定是假冒伪劣产品。

5. 硫酸钾的质量鉴别

硫酸钾一般为白色结晶，不容易结块，硬度比较大，用手捏不容易碎。取少量硫酸钾放入杯中，加入干净凉水，充分摇匀，我们可以看到硫

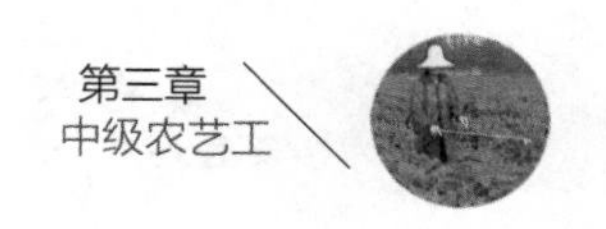

酸钾全部溶解在水中。硫酸钾放在烧红的铁片上，不熔化、无气味，并且伴有蹦跳现象。

6. 氯化铵的质量鉴别

氯化铵为白色或微黄色不规则晶体，容易溶于水；放在试管中加热，会迅速熔化，有大量白烟冒出，并且散发出浓烈的盐酸味，我们还会在试管壁上看到部分残留的沉淀物。假氯化铵加热后很难熔化。

7. 过磷酸钙的质量鉴别

过磷酸钙为灰白色、深灰色疏松粉末或颗粒，稍带有酸霉气味；而伪劣过磷酸钙没有酸霉味。取少量过磷酸钙放入杯中，加入干净的凉水，充分摇匀，可以看到一部分过磷酸钙溶解到水中，一部分沉淀。

五 常用农药外观质量辨别

1. 农药的分类与剂型

农药按用途分类，可以分为杀虫剂、杀螨剂、杀菌剂、除草剂、植物生长调节剂、杀鼠剂、杀线虫剂等。农药按原料来源分类，可以分为无机农药、植物性农药、微生物农药和有机化学合成农药四大类。农药按作用方式分类，可以分为杀虫杀螨剂、杀菌剂、除草剂；其中杀虫杀螨剂又分为胃毒剂、触杀剂、内吸剂、熏蒸剂、拒食剂、引诱剂、不育剂、昆虫生长调节剂等，而杀菌剂又分为保护剂、治疗剂，除草剂又分为选择性除草剂和灭生性除草剂。

目前，我国生产和应用的农药主要有粉剂、可湿性粉剂、可溶性粉剂、乳油、水剂、水乳剂、微乳剂、颗粒剂、悬浮剂、烟剂、气雾剂等剂型。

2. 常用农药外观质量辨别方法

农药外观质量辨别分三个步骤进行，第一步是查看标签。一个合格的农药标签应当包含以下内容：一是农药名称，包括通用名、商标、有效成分含量和剂型；二是农药的三证号，包括农药登记证号、农药生产许可证号或生产批准证书号、农药标准号，国外进口的零售包装农药没有生产许可证号；三是使用说明，包括产品特点、适用作物、防治对象、施药时期、使用剂量、施药方法等；四是净含量；五是产品质量保证期；六是毒性标志和注意事项；七是储存和运输方法；八是生产企业的名称、地址、电话等；九是农药类别。农药类别我们可以通过位于标签底部，与底边平行的色带颜色来判断，绿色为除草剂，红色为杀虫杀螨剂，黑色为杀菌剂，蓝色为杀鼠剂，深黄色为植物生长调节剂。

农药外观质量辨别的第二步是检查农药的包装：主要是看包装是否有渗漏、破损；看标签是否完整，格式是否齐全规范，成分是否标注清楚等。

农药外观质量辨别的第三步是从外观上来判断农药的质量。比如，可湿性粉剂不应该有结块、结团现象；乳油应该没有分层或沉淀现象；颗粒剂应该干燥而又松散，大小和色泽应该均匀；液体农药不应该混浊，不应该有沉淀或絮状物。

第二节 育 苗

本节为中级农艺工必备技术的育苗部分，主要内容包括苗床的选择与整修、基质的配制与消毒、播种期与播种量的确定、种子处理、苗床期幼苗的管理。

一 苗床的选择与整修

1. 苗床的选择

苗床选择的好坏是作物育苗成败的关键。不同的作物对苗床的选择既有共性，又有各自的特殊性。共性就是都要求所选地块背风向阳、地势平坦、环境干燥、排灌方便、保水性良好、靠近大田和水源、周围没有树荫或高大建筑物遮挡。特殊性是指不同作物、不同育苗方式对苗床有特殊的要求，比如，水稻塑盘旱育抛秧的苗床要求土壤有机质含量在1.5%以上、地下水位在50厘米以下、地下害虫少、鼠雀危害轻，并且尽量不要选择水稻田。培育棉苗的苗床最好是生茬地，要求最近几年没有种过棉花。培育双低油菜苗的苗床，要求两年以上没有种过油菜以及甘蓝、大白菜等其他十字花科作物。

2. 苗床的整修

生产中，应当根据不同的作物种类和不同的育苗方式采用适宜的苗床整修措施。比如棉花漂浮育苗生产中，一般挖宽1.2米、深20厘米的育苗池（图3–2），池底处理平整，并且要求池底两端高度差不超过1厘米，四周池边用平锹拍平，并且保证底层和四周没有石块或植物根茎等，以免戳破地膜。铺膜前，先用水浇湿池四周和底层，软化坚硬的土块，然后撒施适量辛硫磷颗粒剂。铺膜时，最好先在池底铺上一层旧膜，然后再铺一层0.1毫米厚的新膜；薄膜要紧贴池底和池壁，延伸到池四周的薄膜反卷，并且用砖或土压实，防止风将膜掀起。铺膜后立即灌上清水进行试水，水深应当达到1厘米，仔细检查地膜是否有漏水情况，膜底是否有气泡。如果漏水，要立即换膜；发现有气泡，要放气重铺，消除气泡。

图3–2 制作好的棉花漂浮育苗池

在烟草漂浮育苗生产中，育苗池一般采用空心砖或木框等围建。建池时，要严格按照育苗盘的规格确定育苗池的大小，一般池的长度比放入育苗盘的总长度长出5~8厘米比较合适，宽度比放入育苗盘的总宽度宽出2~4厘米比较合适，深度掌握在20厘米。育苗池不宜过大，否则容易滋生蓝藻。池底要经过精心平整，弄平拍实，确保水平。池底处理好之后，为防止地下害虫咬破薄膜，造成薄膜漏水，可以用90%的晶体敌百虫50~800倍液或50%辛硫磷1000倍液进行喷洒。育苗池建好后，在池底铺上双层厚度在0.08毫米以上的聚乙烯塑料薄膜，可以先铺一层旧膜，再铺上新膜。

二 基质的配制与消毒

1. 基质的配制

育苗基质是培育壮苗的关键。在大田作物上，基质育苗已经广泛应用于烟草育苗和棉花育苗生产中，有利于实现烟草、棉花的集约化、规模化和商品化生产。

育苗基质大多是由草炭、泥炭、炭化谷壳等有机质材料和蛭石、煤渣、膨胀珍珠岩等疏水材料按一定的比例混合配制而成的。比如，烟草育苗基质的常用配方有两种：第一种，60%~70%炭化谷壳+15%~25%煤渣+15%膨化珍珠岩；第二种，60%草炭+20%蛭石+20%膨化珍珠岩。炭化谷壳要求清洗干净，并且去除其中的杂质；煤渣要求过筛，去掉其中的大颗粒。

基质质量的好坏直接影响育苗质量，无论选取什么样的配方，配制出来的基质应该达到以下质量要求：质地轻、易吸水、不腐烂、不酸败、没有毒副作用，有机质材料的粒径在1~3毫米，疏水材料的粒径在2~3毫米，基质容重为0.2克/厘米^3，孔隙度在60%~70%。

2. 基质的消毒

基质是可以重复使用的育苗载体，不过，在使用过之后，应当进行必

要的消毒处理。基质消毒分为物理消毒和化学药剂消毒两种方法。

基质物理消毒方法主要有暴晒消毒、蒸汽消毒、薄膜覆盖高温消毒等。暴晒消毒，只需将基质摊在水泥地上，让灼热的阳光直接照射基质3~7天即可。采用蒸汽消毒时，将基质堆成20厘米高，用防水、抗高温布覆盖好，向基质内通入蒸汽，一般在70~90℃的温度条件下消毒1个小时即可。薄膜覆盖高温消毒通常在夏季高温季节时进行，一般先将基质堆成20~30厘米高，然后喷湿，使基质含水量超过80%，最后用塑料薄膜将基质堆覆盖好，晒上10~15天，可以起到很好的消毒效果。

用于基质消毒的化学药剂主要有福尔马林和次氯酸钠。用福尔马林消毒时，先将40%的甲醛溶液加水稀释50~100倍，接着用喷雾器均匀喷洒基质，用量为30千克/米^3，再用塑料薄膜覆盖，1~2天后揭掉薄膜，将基质摊开，等基质中药味散去就可以使用了。次氯酸钠尤其适用于珍珠岩、沙子、煤渣等的消毒。操作时，一般在水池中配制0.2%~0.3%的高锰酸钾溶液和0.3%~1%的次氯酸钠溶液，将基质放到水池中浸泡半个小时以上，再用清水反复冲洗干净就可以了。

3. 苗床面积的确定

苗床面积大小是否适宜，关系到人力、物力的合理利用，并将直接影响育苗的数量、质量和育苗成本。苗床面积的确定主要根据育苗方式、种植面积、移栽苗龄、移栽密度及所留后备苗的数量等因素来确定。

比如水稻，采用无盘旱育抛秧的，小苗抛栽，每亩大田准备苗床15平方米左右；中苗抛栽，每亩大田准备苗床20平方米左右；大苗抛栽，每亩大田准备苗床30平方米左右即可。采用塑盘旱育抛秧的水稻，多用大苗抛栽，一般秧龄控制在30~35天，每亩大田需苗床25~30平方米。

棉花基质育苗一般按移栽密度确定苗床面积。基质育苗的苗床通常每平方米苗床可以育300株苗，按每亩大田移栽2000株计算，一般需要建面积为7~8平方米的苗床。棉花营养钵育苗，苗床面积与大田面积比一般为1∶15~1∶20。

油菜育苗，一般按照苗床面积与大田面积1∶5~1∶8的比例预留出足够的苗床地。

三 播种期与播种量的确定

生产中，应当根据不同作物的生长发育特点、品种特性、育苗方式、移栽时间及当地的温光条件等确定适宜的播种期。

水稻塑盘旱育抛秧一般按秧龄30~35天来确定播种期。长江中下游地区的播种期一般在5月15日前后。水稻强化栽培的播种期一般比常规栽培提前10~15天；如果用水稻专用无纺布覆盖育秧，由于无纺布上有微孔，苗床前期积温相对会少一些，所以播种期应当比塑料薄膜覆盖育秧适当提早2~3天。

双低油菜品种具有生育期比较长、苗期至花期生长发棵比较慢的特性，因此必须适当早播。长江中下游地区的双低油菜适宜播种期一般在9月上中旬。

棉花育苗一般按照移栽时间倒推的方法计算播种期。营养钵育苗，一般在移栽前35~45天播种，移栽时有4~5片真叶为好；基质育苗一般在移栽前25~30天播种，移栽时有2~3片真叶为好。

烟草播种期同样按照烟苗的移栽时间来推算，一般烟草的苗龄以60~65天计算，定好了移栽时间，我们也就能推算出播种期了。不过，如果使用的是包衣种子，育苗期应该要比当地托盘育苗期提前10~15天。

播种量是决定秧苗素质的重要因素之一，而确定合理的播种量则是培育壮秧的关键。水稻塑盘旱育秧，一般每亩播种量常规稻为2.5~3千克，杂交稻为1~1.5千克。而水稻无盘旱育秧，稻种用专用种衣剂“旱育保姆”包衣处理过，出苗率高、成秧率高、秧苗分蘖多，所以，应当适当减少播种量；一般每亩播种量常规稻为2~3千克，杂交旱稻为1.5千克左右，杂

交中、晚稻为0.9~1千克。

四 种子处理

种子处理包括晒种、选种、浸种、拌种、包衣及催芽等技术措施，其中催芽方法在初级农艺工的第三节已经做过介绍。

1. 晒种

晒种不但可以杀死种子表面附着的病原菌，而且可以提高种子的发芽率和发芽势。一般选择晴好天气，将种子连续摊晒2~3天。晒种期间要注意勤翻动。

2. 选种

选种主要有人工挑选、风选、盐水选等方式。通过选种，可以去除种子中的杂质、病粒、破损粒、空秕粒等。比如水稻种子，通常采用盐水选种法选种，具体方法是：将稻种倒入浓度为20%左右的盐水中迅速搅拌，捞出浮在水面上的秕谷粒和杂物。注意这个过程不应超过5分钟，否则，秕谷粒也会吸水下沉而影响选种效果。

3. 浸种

用药剂浸种可以有效防治种传病害，比如，水稻种子一般用25%咪鲜胺乳油加10%吡虫啉可湿性粉剂按要求配成药液，浸种10千克兑清水6~7千克，配成药液；浸4~5千克稻种，浸种时间一般为12~24个小时，以种子吸足水分为适度。浸种完成后，再用清水将种子冲洗干净。

4. 拌种

用药剂拌种是防治作物苗期病虫害，确保苗齐、苗全、苗壮的重要措施。比如小麦种子，可以用20%的三唑酮乳油拌种，用量为种子重量的0.2%；也可以用2%戊唑醇湿拌种剂拌种，用量为种子重量的0.1%~0.15%。

5. 包衣

种衣剂具有防病、治虫及供肥的作用。种衣剂包裹住种子表面，会迅速固化成膜，形成一个小小的肥药库，不仅能杀灭种子上所带的病菌，还可以防止病菌传染和地下害虫为害。

用种衣剂包衣（图3–3）时，要戴防护手套，严格按照种衣剂和种子的比例进行包衣，不能随意加大或减少种衣剂的用量；另外，在包衣过程中，还要充分搅拌，使种衣剂全部均匀地包裹在种子上。

图3–3　种子包衣操作

五 苗床期幼苗的管理

作物不同、育苗方式不同，幼苗的管理技术也各不相同。这里我们分别介绍棉花在漂浮育苗和基质育苗两种育苗方式下，都有哪些幼苗管理工作要做。

1. 漂浮育苗的幼苗管理

（1）温度管理

棉花苗期，棚内的温度应当保持在25~30℃，超过30℃，很容易发生烧芽、烧苗现象。如果外界气温在20℃以上，应当在早晚揭膜，通风降温。

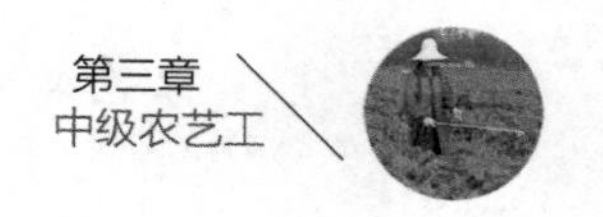

(2)及时加水

由于棉苗要吸收水分,加上水分蒸发,育苗池中的液面会有所下降,日常管理中,要注意及时加水,保持10厘米的正常水面高度。

(3)浇施营养液

为了给棉苗补充生长发育所需要的氮、磷、钾、硼、锌等营养元素,在齐苗后,应当及时浇施营养液。营养液是用棉花漂浮育苗专用肥配制而成的,1袋400克的专用肥可以供8个苗盘使用。先将1袋专用肥倒入5千克清水中,充分搅拌均匀,配制成营养母液,然后用水瓢将营养液浇施在育苗盘下面的育苗池中即可。

(4)及时化控

当棉苗子叶平展3~4天后,用2.5千克水加3滴25%缩节胺进行化控,防止形成高脚苗;一周以后,采用同样的方法再进行一次化控。

(5)及早炼苗

由于漂浮育苗养分比较集中,棉花生长快,很容易形成高脚苗,所以应当及早炼苗。一般在棉苗两叶一心期时就要炼苗,方法是傍晚将育苗盘从育苗池中移出,放到育苗池两侧过夜,第二天上午9点钟左右再把育苗盘放回育苗池中,防止中午棉苗被太阳晒蔫。采用这样的间歇性炼苗方式,直到棉苗的红茎在50%左右,就可以停止炼苗了。

间歇炼苗一般适用于让茬比较迟、苗龄比较长的棉苗;对于苗龄在20天左右就移栽的棉苗,一般是不需要这样炼苗的,只要采取通风炼苗的方法即可。

(6)防治虫害

采用漂浮育苗方法,要注意棉盲蝽、棉蚜、棉蓟马等苗期害虫的防治。棉盲蝽可以用毒死蜱、氧化乐果等药剂防治,棉蚜、棉蓟马可以用吡虫啉、啶虫脒等药剂防治。

2. 基质育苗的幼苗管理

（1）温度管理

基质育苗要求从出苗到子叶平展阶段，棚内温度保持在25℃左右。当棉苗长出真叶后，要注意经常通风，一般在早上8至9点打开棚膜，下午4点左右盖上棚膜；之后随着气温的继续升高，白天揭膜，傍晚盖膜。遇到阴雨天或寒潮来临时，要注意盖膜防冻。

（2）浇灌促根剂

苗期浇灌一次促根剂是棉花基质育苗的技术特征之一。在棉苗子叶平展时，将促根剂稀释成100倍液进行行间灌根，每平方米苗床大约浇灌4升稀释液。浇灌时，注意避免淋到叶片上。

（3）及时补水

采用基质育苗的苗床管理应该以控水为主。一般根据基质墒情用喷壶补水1~3次：第一次补水结合浇灌促根剂进行；之后，基质表面发干时才补水，不干不必补水。

（4）间苗与除草

齐苗后及时间苗，主要间除病苗、弱苗，保留健壮苗。基质育苗很少有杂草滋生，如果发现有杂草长出，人工拔除即可。

（5）防治虫害

基质育苗主要注意防治地老虎、蝼蛄等地下害虫，可以用2.5%溴氰菊酯乳油2000倍液对床面进行喷雾。

（6）炼苗与喷保叶剂

移栽前5~7天，揭去全部薄膜进行日夜通风炼苗，使棉苗能适应外界的环境条件。

在移栽前1天，对棉苗叶面喷保叶剂，目的是减少叶面蒸腾，避免移栽时造成棉苗萎蔫，促进移栽后棉苗尽快缓苗，提高成苗率。一般将保叶剂按重量比稀释10~15倍，每平方米苗床喷施稀释液250~375毫升。

第三节　播　　种

本节为中级农艺工必备技术的播种部分，主要内容包括排灌沟渠的规划布局、耕地质量检查、直播播种技术及移栽期和移栽密度的确定。

一　排灌沟渠的规划布局

渠道灌溉是我国使用最为普遍的灌溉方式，它是从水源取水，通过各级渠道和渠道上的各种附属建筑物向农田供水。灌溉渠道建设不仅影响到输水安全，也关系到沿线农业发展和生态平衡，所以前期的规划布局必须做到科学、合理。

1. 灌溉渠道系统的组成

灌溉渠道系统由各级灌溉渠道和退、泄水渠道组成。灌溉渠道按使用寿命分为固定渠道和临时渠道两种：多年使用的永久性渠道称为固定渠道，使用寿命小于1年的季节性渠道称为临时渠道。按控制面积大小和水量分配层次，我们又可以把灌溉渠道分为若干等级。大中型灌区的固定渠道一般分为干渠、支渠、斗渠、农渠四级。在地形复杂的大型灌区，固定渠道的级数往往多于四级，干渠可以分成总干渠和分干渠，支渠可以下设分支渠，甚至斗渠也可以下设分斗渠。在灌溉面积比较小的灌区，固定渠道的级数比较少。如灌区呈狭长的带状地形，固定渠道的级数也较少，干渠的下一级渠道很短，可以称为斗渠，这种灌区的固定渠道就分为干渠、斗渠、农渠三级。农渠以下的小渠道一般为季节性的临时渠道。

退、泄水渠道包括渠首排沙渠、中途泄水渠和渠尾退水渠，主要作用是定期冲刷和排放渠首段的淤沙、排泄入渠洪水、退泄渠道剩余水量及下游出现工程事故时断流排水等，从而达到调节渠道流量、保证渠道及建筑物安全运行的目的。

2. 灌溉渠道的规划布局原则

灌溉渠道的规划布局应当遵循这样几个原则:第一,干渠应当布置在灌区的较高地带,其他各级渠道也应当布置在各自控制内的较高地带。第二,使工程量和工程费用最小,这是渠道规划的一个重点;一般来说,渠线应当尽可能短、直,以减少占地和工程量。第三,灌溉渠道的位置应当参照行政区划确定,尽可能使各用水单位都有独立的用水渠道,以利于管理。第四,斗渠和农渠的布局应当满足机械耕作要求,具体要求为渠道线路要直,上、下级渠道要尽可能垂直,斗、农渠的间距要方便机械耕作。第五,灌溉渠系规划应当和排水系统规划结合进行,避免沟、渠交叉,以减少交叉建筑物。第六,灌溉渠系布局应当和土地利用规划(如耕作区、道路、林带、居民点等规划)相配合,以提高土地利用率,方便生产和生活。

3. 干、支渠的规划布局

干、支渠的布局形式主要取决于地形条件。

山区、丘陵区地形比较复杂,起伏剧烈,坡度较陡;河床切割较深,比降较大;耕地分散。山区、丘陵区的干渠一般沿灌区上部边缘布局,大致和等高线平行;支渠沿两溪间的分水岭布局。在丘陵地区,如灌区内有主要岗岭横贯中部,干渠可以布局在岗脊上,大致和等高线垂直;干渠比降视地面坡度而定;支渠从干渠两侧分出,控制岗岭两侧的坡地。

平原灌区大多位于河流中下游地区的冲积平原,地形平坦开阔,耕地集中连片。河谷阶地位于河流两侧,呈狭长地带,地面坡度倾向河流,高处地面坡度较大,河流附近坡度平缓,水文地质条件和土地利用等情况和平原地区相似。这些地区的渠系规划具有类似的特点,干渠多沿等高线布局,支渠垂直等高线布局。

4. 斗、农渠的规划布局

斗、农渠与农业生产要求关系密切,在布局时,除了要遵循灌溉渠道

的规划原则，还应当满足下列要求：第一，要适应农业生产管理和机械耕作要求；第二，要便于配水和灌水，有利于提高灌水工作效率；第三，要利于灌水和耕作的密切配合；第四，土地平整工程量应当比较少。

斗渠的长度和控制面积随地形变化很大。山区、丘陵地区的斗渠长度比较短，控制面积比较小。平原地区的斗渠比较长，控制面积比较大。我国北方平原地区一些大型自流灌区的斗渠长度一般为3~5千米，控制面积为2~3平方千米。斗渠的间距主要根据机耕要求确定，和农渠的长度相适应。

农渠是末级固定渠道，控制范围为一个耕作单元。农渠的长度根据机耕要求确定，在平原地区通常为500~1000米，间距为200~400米，控制面积为0.15~0.4平方千米。丘陵地区农渠的长度和控制面积比较小。在有控制地下水位要求的地区，农渠间距根据农沟间距确定。灌溉渠道和排水沟道可以灌排相邻布置，也可以灌排相间布置。

我们在进行布局时要满足机耕要求。渠道线路要直，上、下级渠道尽可能垂直，斗渠与农渠之间的间距要方便机械耕作。另外，灌溉渠系规划还应当和排水系统规划结合进行。在多数地区，必须有灌有排，以便有效地调节农田水分状况。通常先以天然河沟作为骨干排水沟道，布置排水系统；在这个基础上，布置灌溉渠系，要注意避免沟、渠交叉。

5. 田间排灌沟渠布局

平原区田间排灌沟渠系可以依条件分别采用灌排相邻、灌排相间或灌排兼用布局，实际操作中，以灌排相邻布局最为常见。

灌排相邻布局适用于地形有单一坡向、灌排方向一致的地区；灌排相间布局适用于地形平坦或有一定坡降、起伏不大的地形；灌排兼用布局只有在地面有相当坡度的地区或地下水位比较低的地区才适用。

丘陵、山区田间沟渠系，岗田间农渠应当垂直于等高线沿土旁田短边布局，可以为双向控制或灌排两用。山垄田沟渠系随地形在山坡来水比较大的一侧沿山脚布局排水沟；山坡来水比较小、地势比较高的一侧，布局灌排两用渠，兼排山坡或土旁田来水。在开阔的冲田地区，可以在两侧布局排水沟，在冲田中间布局排灌两用渠，控制两侧冲田。

二 耕地质量检查

耕地质量检查的主要内容有耕后是否达到规定的耕深，有没有重耕、漏耕现象，耕后地表是否平整，碎土程度和土壤疏松程度如何，杂草、残茬、肥料的覆盖是否良好，地头、地边的耕作情况如何。

1. 耕深检查

耕深是检查耕地质量的重要指标。耕深检查一般用犁沟尺在犁地过程中进行（图3–4），用“S”形选点法，随机选5~10个点进行测量。为了使测量结果准确，应当将犁沟旁及犁底的散土除净后再测量。测量时，将犁沟尺底座平置于未耕地的表面，将游尺垂直插入已耕地的沟底，紧靠犁沟壁来回移动游尺，游尺上读出的刻度数就是耕深。如果没有犁沟尺，也可以用两根米尺来测量，将一根米尺作为立尺，一端沿犁沟直立于沟底，用另一根米尺作为横尺，水平放在未耕地上，放在立尺上，两尺交叉处的刻度就是耕深。

图3–4　测量耕深

进行耕深检查时，应当视田块大小沿对角线取10~20个点，求出测量结果的平均数。平均耕深与规定耕深的偏差不应超过1厘米。注意，测量地点不要选在地头机车转弯位置。

2. 漏耕、重耕检查

是否漏耕、重耕，用测量耕幅的方法来检查。我们从前一犁沟壁处向未耕地量出比犁的总耕幅稍大的宽度，插上标记，待下一趟犁耕过后，量出新的沟壁到标记处的宽度，两者之差就是实际耕幅。将实际耕幅与犁的耕幅进行比较，如果大于犁的耕幅必然有漏耕；反之，则有重耕。

3. 地表平整度检查

地表平整度检查的一种方法是目测（图3-5），检查时，先横向走，检查沟、垄及翻垡情况，除开墒和合墒处的沟垄处以外，要特别注意每个相邻行程间的接合情况。总的来说，要求地中、地头、地角没有明显的凹凸不平，并且没有高包、洼坑或脊沟存在。

图3-5　检查地表平整度

地表平整度检查的另一种方法是用栅状平度尺测定。测定点数根据地块大小而定，一般测5~10个点。测定时，使栅状平度尺的每一个有刻度的活动小测尺自由地与耕地表面垂直接触，记录下每个小测尺到夹板的数字，然后在坐标纸上画一条水平线，按比例将各点数字标出来，再将各点连起来，就能得出耕地表面的起伏曲线图。

我们用耕地起伏线的全长除以平度尺的全长，就能计算出耕地起伏系数。耕地起伏系数越大，起伏度越高，说明地表越不平整。

4. 碎土程度检查

碎土程度是以每平方米内直径大于5厘米的土块数量来表示的。事先准备一个规格为1米×1米的正方形木框，木框上每隔5厘米纵横拉上铁丝，将木框分成一个又一个规格为5厘米×5厘米的正方形孔眼。检查时，将木框放在耕过的地面上，要求每平方米内直径大于5厘米的土块不得超过5块。

碎土程度也可以用目测法来评定，那就是在犁地过程中检查翻转的垡块是散碎、基本散碎或不散碎。理想的土壤团块应该是既没有比0.5厘米小得多的土块，也没有比6厘米大得多的土块。

5. 疏松程度检查

过于紧实和过于疏松的土层对作物的生长发育都不利。检查疏松程度一要抓住耕层有无中层板结，二要注意播前耕层是否过于松软。由于土壤过湿或多次作业，耕层中容易形成中层板结，而在进行地表观察时，不易发现。所以疏松度的检查不能观察土表状态，而要用土壤坚实度测定仪，检查全耕层中有无板结层存在。

6. 覆盖情况检查

良好的翻耕应当完全掩埋杂草、残茬和肥料。如果耕地质量不好，必然导致覆盖情况不良。覆盖情况一般用目测检查，沿对角线行走，检查没有被掩埋的杂草、残茬、肥料的数量，评定出土地翻耕是合格、基本合格还是不合格。

7. 地头和地边的耕作情况检查

地头和地边的耕作情况通过目测检查，目测地头是否整齐，地边、地角是否耕到。

三 直播播种技术

1. 播种期的确定

作物播种期的确定不仅要考虑温度，还要考虑当地的种植制度、品种特性，以及播种时的土壤墒情、天气情况等。

在温、光、水等气象要素中，气温或土温是决定作物播种期的主要因素。不同的作物种子发芽、出苗对温度的要求不同，因此各种作物的播种时间也不同。大田露地直播，当当地的日平均气温或5厘米地温稳定通过某一作物种子适宜发芽、出苗的温度时适宜播种。比如，籼稻的适宜播种期为日平均气温稳定通过12℃，粳稻的适宜播种期为日平均气温稳定通过10℃，冬性品种冬小麦的适宜播种期为日平均气温稳定通过16~18℃，半冬性冬小麦品种的适宜播种期为日平均气温稳定通过14~16℃，春性冬小麦品种的适宜播种期为日平均气温稳定通过12~14℃，冬小麦和玉米的适宜播种期为5厘米地温稳定通过12℃，棉花的适宜播种期为5厘米地温稳定通过14℃，大豆的适宜播种期为5厘米地温稳定通过10~12℃，花生的适宜播种期为5厘米地温稳定通过15℃。

作物的最迟播种期以当地气温能满足作物安全开花或正常成熟的要求为准。比如，长江中下游的直播中稻要保证能安全抽穗、灌浆，应当避开7月下旬至8月上旬的高温影响，一般在4月末到5月中旬播种。

2. 播种量的确定

播种量是指单位面积内播下的种子量，通常以克/米^{2}或千克/千米^{2}表示。播种量取决于作物种类、品种、播种方法、播种期、播种质量、气候条件、土壤肥力、土壤墒情、病虫害发生情况等许多因素。

作物的播种量用公式(千克/667平方米)=

$$\frac{\text{基本苗数}\times\text{千粒重（克）}}{\text{发芽率（\%）}\times\text{种子净度（\%）}\times\text{出苗率（\%）}\times 10^6}$$

来计算。在公式计

算的基础上，充分考虑播种方式、播种质量、气候变化、土壤墒情、土壤肥力、病虫害发生情况等因素，最后确定合理的播种量。一般品种分蘖或分枝强、种子质量好、播种质量高、土壤肥力水平高、病虫害发生比较少，播种量要少一些；反之，要稍稍多一些。

实际生产中，人们也根据经验，掌握了一些作物直播栽培时的基本播种量。比如，直播水稻，以符合质量要求的干籽计算，一般每亩的播种量大致为：中籼常规稻2.5~3千克，中籼杂交稻1.5~2千克，中粳常规稻4~5千克。直播棉的播种量因播种方法的不同而有差异，条播时，要求每米内播45~60粒棉籽，一般每亩用精选棉籽5~6千克；点播时，每穴3~4粒，每亩用精选棉籽1.5~2千克；

3. 播种质量检查

播种质量检查主要是检查播种量、播种深度、覆土情况及有没有重播和漏播现象，采用机械播种的，还应当检查行距是否符合要求。

对播种量的检查，可以在播种机播种过后，沿播种沟将覆土扒开，量出1米的长度，数一数沟中的实际种子粒数，与每米的应播种子粒数进行比较。每米应播种子粒数我们可以用公式

$$\frac{1000\times667\text{平方米播种量（千克）}\times1000\text{（克）}}{666.7\text{（平方米）}\div\text{行距（米）}\times\text{千粒重（克）}}$$

计算得出。进行播种深度检查时，按对角线选点，测定点不应少于10个；用直尺测量出各点的种子深度，求出平均数。行距的检查方法是：扒开相邻两行覆土至种子外露为止，用直尺测出两条播种沟内种子间的距离即可。要求播种行交接行距的误差小于±1.5厘米，两个播种机组相邻两行行距的误差不大于±2.5厘米。

播种时，实际播幅如果大于规定播幅，说明产生了漏播现象；反之，就产生了重播现象。应当及时查明原因，进行相应的调整。

四 移栽期和移栽密度的确定

1. 移栽期的确定

作物的移栽期主要根据作物种类、品种特性、气温、茬口及移栽的适宜苗龄而定。

比如烟草的适宜移栽期应该是在终霜之后、日平均气温稳定在12℃以上、10厘米土温达到10℃以上时；长江中下游烟区一般在3月上旬~4月初移栽。采用无盘旱育抛秧技术的水稻，一般根据设计的秧龄确定移栽期，小苗3~4叶期、中苗5~6叶期、大苗7~9叶期时移栽最好。采用基质育苗技术培育的棉苗，移栽苗龄为2~3片真叶期；采用棉花漂浮育苗技术培育的棉苗，最佳移栽苗龄是2叶1心期至3叶1心期。

2. 移栽密度的确定

各种作物的移栽密度必须根据作物的品种特性、播种期早晚、当地的气候条件、土壤肥力、灌溉条件及管理水平等情况综合考虑确定。比如气候寒冷地区应当比温暖地区要密一些，土壤肥力低的应当比肥力高的密一些，生育期短、株型紧凑的品种应当比生育期长、株型分散的品种密一些等。总之，移栽密度的确定一定要根据实际的条件，因作物、因品种、因时、因地制宜，不能千篇一律。比如油菜每亩移栽密度，一般肥力上等地块为6000~6500株，肥力中等地块为7500~8000株，肥力比较差的地块为10000株左右。

第四节 田间管理

本节为中级农艺工必备技术的田间管理部分，主要内容包括中耕除草作业质量检查、作物施肥技术、作物灌溉时期的确定、土壤样品采集技术、作物整枝方案的制定和植物生长调节剂的使用。

一 中耕除草作业质量检查

中耕作业质量检查的项目主要包括中耕深度、除草率、伤苗率。

中耕深度的检查方法是:沿地头长边取2~3个点,先将松土层的土壤弄平,再将尺插到松土层底部,测出每个点的中耕深度,计算平均中耕深度。平均中耕深度以大于规定深度1厘米左右为比较适宜。

除草率的检查方法是:沿对角线取3个点,做上标记,测定中耕前每平方米内的杂草株数,求出平均值;作业结束后,测定出每平方米内存留的杂草株数,用除草率(%)=$\frac{存留杂草株数}{耕前杂草株数}\times100\%$公式求出除草率。

伤苗率的检查方法与除草率检查方法相同:同样沿对角线取3个点,做上标记,然后先测定中耕前每平方米内的原有株数;等作业结束后,再测出每平方米内的伤苗株数,用伤苗率(%)=$\frac{伤苗株数}{耕前苗株数}\times100\%$公式求出伤苗率。

二 作物施肥技术

1. 小麦施肥技术

小麦施肥的一般原则是重施基肥、合理施用种肥、早施分蘖肥、酌情施返青肥、巧施拔节孕穗肥。

小麦基肥一般结合深耕,每亩施优质有机肥2000~3000千克,氮、磷、钾比例各占15%的三元复合肥20~30千克;也可以每亩施尿素10千克、过磷酸钙50千克、氯化钾10千克。对晚茬麦和基肥不足的麦田,应当施用适量种肥,一般每亩用硫酸铵4~5千克或尿素2~3千克,集中施在播种沟内。

小麦分蘖肥一般在3叶期前或3叶期,结合浇水,每亩施尿素4~5千克。对基肥不足,又没有施用分蘖肥的弱苗,应当酌情施好返青肥,一般每亩施尿素5~7千克、过磷酸钙8~10千克。基肥充足、麦苗生长旺盛的麦田,不必施返青肥,防止后期发生倒伏。

拔节孕穗期是小麦生长发育和形成产量的关键时期,应当根据不同苗情巧施拔节孕穗肥。拔节孕穗肥掌握在小麦群体叶色褪淡、分蘖高峰已过、基部第一节间定长时施用,一般每亩施尿素8~10千克,结合浇水施用或在下雨前施用。在剑叶露尖时,如果叶色褪淡,有早衰现象,应当补施适量拔节孕穗肥,一般每亩施尿素3~5千克。为了防止小麦后期早衰,提高粒重,增加产量,一般在小麦灌浆期,每亩用1%~2%的尿素溶液或0.2%~0.3%的磷酸二氢钾溶液50千克进行叶面喷施,间隔7~10天喷一次,连喷2次。

2. 水稻施肥技术

水稻施肥的一般原则是:施足基肥、早施分蘖肥、巧施穗肥,酌情追施粒肥。水稻大田基肥一般每亩施氮、磷、钾比例各占15%的三元复合肥30千克,碳酸氢铵15千克,菜籽饼50千克;也可以每亩施优质农家肥1500千克、尿素10千克、水稻专用肥40千克。分蘖肥一般在水稻移栽后7~15天施用,一般每亩追施尿素10千克、氯化钾5千克,以促进分蘖早生快发。穗肥一般在幼穗分化2期也就是倒3叶期时追施,每亩施氮、磷、钾比例各占15%的三元复合肥7~15千克,注意根据植株长势适当增减施肥量。在水稻抽穗开花期应当根据水稻的生长情况和天气情况,决定是否需要追施粒肥。如果抽穗后,水稻有早衰脱肥现象,整体叶色偏淡偏黄,天气又晴好,应当及时施用粒肥。粒肥一般施用硫酸铵、尿素,每亩施3~5千克。除田面追肥以外,也可以采取根外叶面追肥,每亩用0.5千克尿素加上200克磷酸二氢钾,兑水50千克,进行叶面喷雾。如果水稻长势旺盛或连日阴天多雨,就不要施用粒肥了。

3. 油菜施肥技术

油菜应当遵循“重施底肥、增施磷钾肥、必施硼肥”的肥料运筹原则。施肥以基肥为主，50%的氮肥、全部的磷钾肥和全部的硼肥（图 3-6）作基肥一次性底施；其余的氮肥按 30%作苗肥，20%作薹肥，分次追施。

图 3-6　油菜叶面喷施硼肥

对于移栽油菜而言，育苗时，就要求施好苗床基肥，保证培育壮苗，一般每亩苗床施腐熟的人畜粪尿 1000 千克、过磷酸钙 25 千克、尿素 5~6 千克、氯化钾 2~3 千克、硼砂 1 千克。

油菜大田基肥一般每亩施腐熟的猪牛栏粪 1500~2000 千克、尿素 15~18 千克、过磷酸钙 25~30 千克、氯化钾 12~15 千克、硼砂 1 千克。在油菜苗活棵后及时施用返青肥，一般每亩施尿素 5~10 千克，兑水浇施或者在雨前撒施。对于严重缺硼的地块，应当叶面喷施一次硼肥，一般每亩喷 0.1%~0.2%的硼砂水溶液 50 千克。

入冬后，根据苗情，追施腊肥。长江流域一般在元旦左右追施腊肥，每亩施尿素 5~10 千克。腊肥应当采用穴施的方法，施肥位置距离植株根部 8~10 厘米。蕾薹期要根据底肥、苗肥的施用情况和苗情合理施好薹肥（图 3-7）。如果底肥、苗肥充足，植株生长健壮，可以不施薹肥；对于出现

脱肥，后劲不足的地块，则应当及时施用薹肥，一般在薹高8~10厘米时施下，每亩施尿素5~8千克。

图3-7　追施油菜薹肥

需要注意的是，对于长势比较差的地块，薹肥应当提前施用，并且要适当增加施肥量，以促进苗情转化。为了防止油菜缺硼导致花而不实或出现返花现象，薹花期还应当补施一次硼肥，用法和用量与大田苗期相同。

4. 棉花施肥技术

每生产100千克皮棉，植株需从土壤中吸收氮12~15千克、磷5~6千克、钾12~15千克。棉花施肥的一般原则是：重施、深施基肥，轻施苗肥，稳施蕾肥，重施花铃肥，补施盖顶肥，吐絮期酌情进行根外追肥。

棉花大田一般每亩施优质农家肥2000~3000千克，氮、磷、钾比例各占15%的三元复合肥25~30千克作基肥。棉苗移栽成活后，要及时施提苗肥，地膜覆盖的可以在叶面喷施1%~2%的尿素加0.1%的磷酸二氢钾溶液，没有地膜覆盖的一般亩施尿素5千克。棉花蕾肥以土杂肥、菜籽饼等有机肥为主，一般每亩施菜籽饼30~50千克、过磷酸钙10千克、钾肥8~10千克；也可以选用高磷高钾的优质复合肥，每亩用量为30~40千克。花铃肥一般在棉株有1~2个硬桃时施用。长势不旺的棉田，花铃肥应该在初花期施用;肥力比较高的棉田,花铃肥可以在盛花期施用。一般每亩施尿素10~15千克、氯化钾10千克,肥料混合后开沟埋施,施肥深度要求在10厘米以上。补施盖顶肥是增加秋桃的重要措施(图3-8)。盖顶肥的施用时间应该在立秋前后,趁土壤湿润时,每亩撒施尿素5~8千克。

图3-8　棉花补施盖顶肥

吐絮期的棉株根系机能衰退,吸收能力减弱,适宜采用根外追肥来弥补根系吸收养分的不足,防止棉桃脱落和早衰。一般从初絮期开始,每隔5~7天喷施一次叶面肥,连喷2~3次。叶片显黄、有早衰现象的棉株喷施1%~2%的尿素溶液,长势偏旺的棉株喷施0.2%~0.3%的磷酸二氢钾溶液。

三　作物灌溉时期的确定

生产中,应当依据土壤墒情,作物的形态指标、生理指标等来灵活确定作物的适宜灌溉时期。

土壤墒情对灌溉有一定的参考价值,一般适宜作物正常生长发育的根系活动层中土壤含水量为田间持水量的60%~80%,低于这个范围,就应当及时进行灌溉了。不过,由于我们灌溉的对象是作物,而不是土壤,所以,最好以作物本身的情况作为灌溉的直接依据。

看苗灌水是人们长期以来积累的经验。作物缺水的形态表现一般是:细嫩的茎叶在中午前后容易萎蔫,生长速度下降,叶、茎颜色呈暗绿色,有时还会变红。比如棉花开花结铃时,叶片呈暗绿色、中午萎蔫,叶柄不容易折断,嫩茎逐渐变红,上部第3到第4节间开始变红时,就应该及时灌水。

生理指标比形态指标能够更及时、更灵敏地反映作物的水分状况。当作物缺水时,叶片是反映其生理变化最敏感的部位,我们一般以作物各生育期的叶片水势变化作为量化指标确定是否需要灌溉。不同作物在不同生育期的灌溉生理指标各不相同。比如冬小麦各生育期的灌溉生理指标极限值为:分蘖至孕穗期-0.9~-0.8兆帕,孕穗到抽穗期为-1~-0.9兆帕,灌浆期-1.2~-1.1兆帕;棉花各生育期的灌溉生理指标极限值为:苗期-0.85~-0.75兆帕,蕾期-0.85~-0.75兆帕,初花期-1.4~-1.3兆帕,盛花期-1.5~-1.4兆帕,铃期-1.6~-1.5兆帕,当叶片水势低于各生育期的极限值时,应当及时进行灌溉。

四 土壤样品采集技术

土壤样品采集(图3-9)是测土配方施肥的重要组成部分和土壤诊断

图3-9 采集土壤样品

的最重要环节。通过样品采集化验，我们可以了解土壤中的养分丰缺情况、障碍因子存在情况及障碍形成的原因，为合理施肥提供决策依据。所以，土壤样品采集应具有代表性，可决定测土配方施肥质量的好坏。

土壤样品采集分三个步骤：第一步，进行采样前的准备；第二步，采样；第三步，进行采样后的样品处理。

1. 采样前的准备

普通测土配方施肥采样没有什么特殊要求，准备好采样必需的工具，如铁铲、塑料布、塑料袋、标签纸就可以了。

大面积测土配方施肥应用区采样，需要收集各级土壤图、常年生产情况、设计并打印调查内容表格等资料。收集资料主要用于了解本区内土壤分布规律、农业生产发展现状，制订符合实际情况的采样计划，包括采样具体地点、采样线路、采样数量等。准备好铁铲、土刀、塑料布、塑料袋、小绳子、铅笔、采样标签纸、GPS定位仪等采样工具。

2. 采样

采样时间一般安排在作物收获后或播种施肥前，主要根据采样目的而定。比如，我们要了解作物各生育期肥力的变化，在作物收获后采样；要了解土壤养分变化和作物高产规律，在各生育时期内采样；要解决生产过程中所出现的问题，则应当随时采样。

采样时，先将采样地块土壤类型、肥力等级相同区域，按100~200亩划分为一个采样单元；在采样单元内，选择相对中心位置的典型地块为采样点，面积取1~10亩比较适宜。采样点原则上要求分布均匀，不能过于集中。采样点的数量根据地块大小、地形地势、肥力均匀情况等因素确定。一般面积小于10亩、地势平、地形端正、肥力均匀的地块，采用梅花形采样法（图3-10）取5~10个点；面积在10~40亩、地势比较平坦、地形比较整齐、肥力比较均匀的地块，采用棋盘式采样法（图3-11）取10~15个点；面积大于40亩、地势不太平坦、地形不规则、肥力不均匀的地块，采

用蛇形采样法(图3-12)取15个点以上。

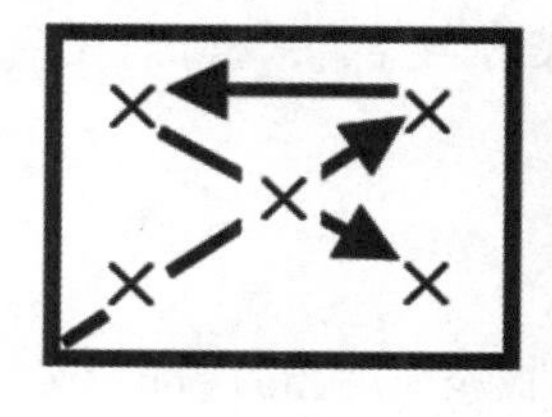

图3-10　梅花形采样法

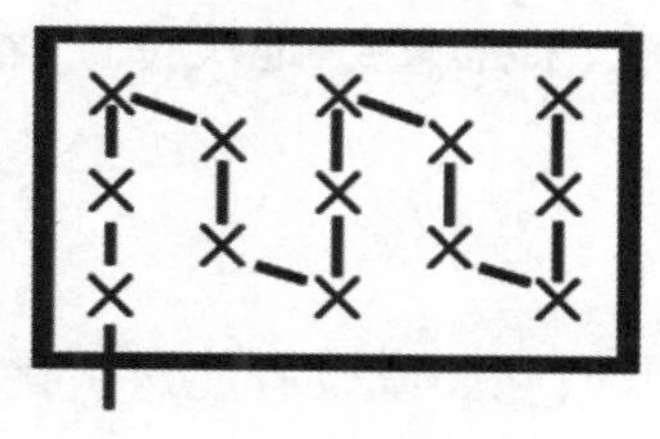

图3-11　棋盘式采样法

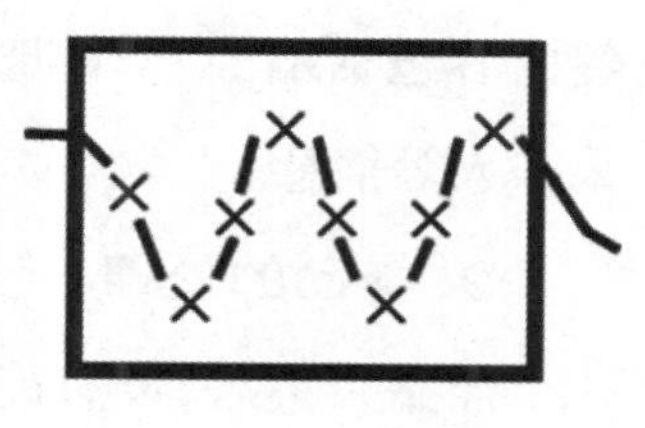

图3-12　蛇形采样法

实施测土配方施肥通常采集耕作层土样，采样深度一般为0~20厘米。

同一个采样单元，无机氮及氮营养快速诊断每季或每年采集1次，土壤有效磷、速效钾等一般2~3年采集1次，中、微量元素一般3~5年采集1次。

采样要避开田边、路边、沟边、肥堆边和前茬作物施肥处等特殊部位。采样时，在确定的采样点上，用小铁铲取土，先挖一个与铲一样宽、与耕作层或取样要求深度相同的土坑，将土坑其中一面铲成垂直面，然后从垂直一面铲取1~2厘米厚的土样。

土壤样品的最终质量要求为0.5~1千克，我们在采样过程中所采集的混合样的质量一般都大于这个数值，所以，要采用四分法(图3-13)去掉多余的样品。所谓四分法，就是将所有采样点的样品摊在塑料布上，除去植物残体、石砾等杂质，并且将大块的样品整碎、混合均匀；再将样品摊成圆形，并在圆形中间画"十"字，将样品分成四份，然后按对角线去掉两份。如果样品还多，将样品再混合均匀，反复进行四分法，直到样品的最终质量为0.5~1千克为止。

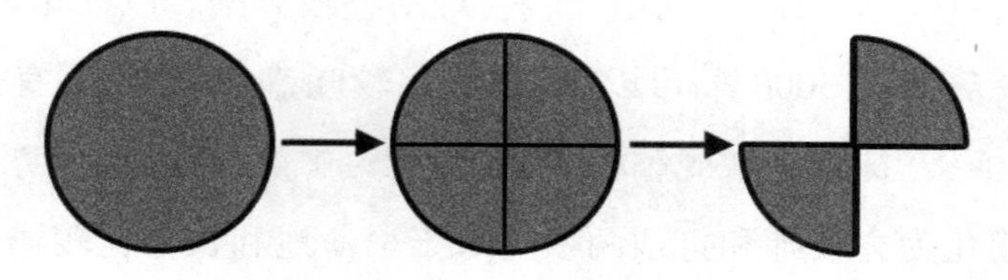

图3-13　土样四分法示意图

采集的样品放入统一的样品袋，用铅笔写好标签，内外各一张。标签内容包括编号、采样地点、采样深度、地块位置、农户姓名、采样时间、采样人等信息。

3. 样品的处理

样品采集后，没有能及时化验或没有能送到化验室化验的样品，应当及时摊在塑料布上，在通风、干燥、没有阳光照射并远离肥料、农药的地方自然晾干。样品比较多时，必须将一张标签纸放在样品中，另一张标签纸和样品袋则用样品及塑料布压住。样品晾干后，按采样的装袋方法装袋，待送化验单位分析化验。

送样时，如果样品数量比较多，应当按照编号次序装箱，箱内外都要附上送样清单，同时填好送样单。送样单的内容包括统一编号、原编号、采样地点、地块位置、地块编号、要求分析化验项目、提交报告日期、送样单位、送样人、送样日期、联系方式等信息。

五 作物整枝方案的制定

对作物进行整枝，要注意掌握好合适的时间：整枝过早，会抑制作物生长，造成早衰减产；整枝过晚，既会造成贪青晚熟，又会影响作物的产量和品质。生产中，一般可以根据当地的无霜期长短、当年气候条件的好坏、土壤肥力的高低、作物品种生育天数的多少、植株的生长状况等条件，来决定合理的整枝时间。给作物整枝，要避开湿度大的早晨和傍晚，更不能在阴雨天进行，应当尽量选在晴天的中午。

另外，给作物整枝，要确定比较合理的整枝方法。以棉花为例，一般肥水充足、密度在3000株/亩以上、长势比较旺盛的棉田，适宜采用去枝叶、打顶、摘蕾、抹杈等常规整枝方法；对肥力中等、密度和长势正常的棉田，可以简化为去枝叶和打顶两项。对于旱薄地和长势比较弱的棉田或者在干旱年份，则只需要进行打顶一项工作即可，打顶时间比常规打顶

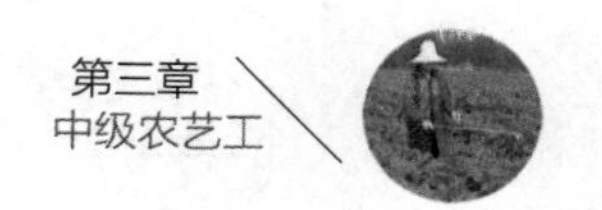

时间适当提前，主枝和叶枝可以一次打彻底。

六 植物生长调节剂的使用

植物生长调节剂不仅种类繁多，而且作用效果也存在明显差异，所以，应当根据农作物的品种特性、生育期和应用生长调节的目的等实际情况来选择合适的植物生长调节剂。比如，要调节花期、促进成熟，应当选择赤霉素、乙烯利等促进生长的调节剂；要缩短节间长度，使茎秆变粗，防止倒伏，应当选择矮壮素、缩节胺等调节剂；要培育矮壮苗，应当选择多效唑等调节剂。

施用植物生长调节剂的时期取决于植物生长调节剂的种类、药效延续的时间、应用的目的及作物生长发育的阶段等，不可以一概而论。

我们在使用植物生长调节剂时，一定要按照说明书，严格控制好药液的浓度和药液使用量。比如在小麦返青后拔节前，每亩用15%多效唑可湿性粉剂50克，兑水50千克喷雾，对分蘖比较多、植株长势比较旺盛的小麦，可以起到控制基部节间伸长，降低株高，防止后期倒伏的作用。在小麦拔节期，每亩用浓度为40毫克/千克的赤霉素溶液40~50千克喷雾，能增加穗粒数，提高千粒重。

植物生长调节剂的最佳喷施时间是晴天的下午4~5点以后，要避开中午的高温时段，以免光照太强、药液干燥过快而影响叶片吸收。如果喷施后8个小时内遇雨，还应当补喷一次。

第五节　大田作物病虫害防治

本节为中级农艺工必备技术的大田作物病虫害防治部分，主要内容包括大田作物主要病害识别与化学防治、大田作物主要虫害识别与化学防治、药液与毒土配制。

一 大田作物主要病害识别与化学防治

1. 稻瘟病

按照发生时期及发生部位的不同，稻瘟病分为苗瘟（图3–14）、叶瘟、节瘟、穗颈瘟和谷粒瘟等多种类型。

图3–14 苗瘟

苗瘟一般在水稻三叶期前发生。发病初期，稻株的芽和芽鞘上出现水渍状斑点；后期，病菌的基部变成黑褐色，并且卷缩枯死。

叶瘟通常发生在三叶期以后的秧苗期和成株期的叶片上，病斑按水稻品种和气候条件的不同，分为慢性型（图3–15）、急性型、白点型和褐点型4种类型。慢性型病斑是稻瘟病的典型特征。病斑呈梭形或纺锤形，中间部位为灰白色，外围有黄色晕圈，两端有沿叶脉延伸的褐色坏死线；在潮湿的情况下，叶背面常有灰绿色霉层。叶片上病斑比较多的时候，会连接形成不规则的大斑；发病重时，叶片会枯死。急性型病斑为暗绿色水渍状，大多为椭圆形或近圆形，发病叶片的正反两面都有大量灰色霉层。出现这种病斑，往往预示着稻瘟病的大流行。天气转晴或用药防治后，则可转变为慢性型病斑。白点型病斑多在水稻上部的嫩叶上出现，呈圆形或近圆形白色小点，没有霉层。褐点型病斑多在气候干燥的条件下，发生在抗病品种或稻株下部的老叶上，为褐色小点，局限在叶脉间，没有霉层。

图 3–15　慢性型叶瘟

节瘟（图 3–16）通常在水稻抽穗后，发生在穗颈下的第一节和第二节。病节凹陷，变成黑褐色，容易折断。

图 3–16　节瘟

穗颈瘟(图3-17)发生在水稻主穗梗到第一枝梗分枝的中间部分,枝梗和穗轴也可能会受到侵染。病斑呈褐色。发病早而重的,穗部枯死,产生白穗;发病晚的,秕谷增多。

图3-17　穗颈瘟

防治苗瘟,一般在秧苗3~4叶期或移栽前5天,可以每亩用20%三环唑可湿性粉剂75克,兑水50千克喷雾。防治叶瘟,一般在发病初期,每亩用20%三环唑可湿性粉剂100克或40%稻瘟灵乳油80~100毫升,兑水50~60千克喷雾。节瘟、穗颈瘟的防治掌握在水稻破口初期,可以每亩用75%三环唑可湿性粉剂20~30克或40%稻瘟灵乳油100毫升,兑水60~75千克喷雾。

2. 水稻纹枯病

水稻纹枯病(图3-18)在水稻整个生育期内都可以发生,在水稻抽穗前后为害最重。水稻纹枯病主要为害叶鞘和叶片,严重时可侵入茎秆,并蔓延至穗部。叶鞘发病,先在近水面处出现暗绿色水渍状小斑,后扩大成椭圆形病斑,病斑边缘呈暗褐色,中央呈灰绿色,扩展迅速;受害严重时,数个病斑可以融合成一个大斑,叶鞘干枯,叶片逐渐枯黄。叶片发病与叶鞘发病相似,但是病斑形状不规则。剑叶叶鞘受害,往往不能正常抽穗。湿度大时,病部可以见到许多白色菌丝,随后菌丝集结成白色绒球状菌丝团,最后形成萝卜籽大小的暗褐色菌核。

图3-18 水稻纹枯病

防治水稻纹枯病，可以在移栽后15~20天，每亩用20%甲基胂酸锌可湿性粉剂250克，拌细土25~30千克，均匀撒入稻田内。另外，在拔节至孕穗期，当病虫率达20%时也应当用药防治，可以每亩用5%井冈霉素水剂100毫升或24%噻呋酰胺悬浮剂15~20毫升，兑水50千克喷雾。

3. 小麦锈病

小麦锈病俗称"黄疸病"，在我国是小麦的一种主要病害。根据发生部位的不同，小麦锈病分为条锈病（图3-19）、叶锈病和秆锈病三种，其

图3-19 小麦条锈病

中，条锈病是危害最严重的一种。

条锈病主要发生在叶片上，叶鞘、茎秆、麦穗上也有发生。初期病部出现褪绿斑点，以后形成鲜黄色的夏孢子堆。夏孢子堆比较小，呈长椭圆形，与叶脉平行排列成条状。后期病部长出黑色、狭长形、埋伏于表皮下的条状冬孢子堆。

防治小麦条锈病，在病叶率达到1%时就要及时用药。可以每亩用20%戊唑醇可湿性粉剂或40%戊唑双可湿性粉剂60克，兑水50千克喷雾防治。

4. 小麦赤霉病

小麦赤霉病（图3-20）也叫麦穗枯、烂麦头、红麦头，是小麦生长中后期的主要病害之一，它的症状主要是形成枯白穗。小麦在抽穗扬花期受到病菌侵染，先有个别小穗发病，然后病菌沿主穗轴上下扩展，直到邻近的小穗。病部呈褐色或枯黄；潮湿时会产生粉红色霉层。空气干燥时病部和病部以上枯死，形成白穗。

图3-20　小麦赤霉病

如果小麦开花期遇上阴雨天气，就要注意防治赤霉病了。具体的防治措施是：在小麦开花后，每亩用50%多菌灵可湿性粉剂或50%甲基托布津可湿性粉剂50克，兑水50~60千克喷雾。

5. 棉花黄萎病

棉花黄萎病在棉花的整个生育期都可以发病，在自然条件下幼苗发病少或很少出现症状。该病一般在3~5片真叶期开始显症，生长中后期棉花现蕾后田间大量发病。

棉花黄萎病分为落叶型（图3-21）、枯斑型（图3-22）和黄斑型（图3-23）三种。落叶型病症：病株叶片叶脉间或叶缘处突然出现褪绿萎蔫状，病叶由浅黄色迅速变为黄褐色，病株主茎顶梢、侧枝顶端变褐枯死，病

图3-21　棉花落叶型黄萎病

图3-22　棉花枯斑型黄萎病

铃、苞叶变褐干枯，蕾、花、铃大量脱落，一般10天左右病株就会成为光秆，剖开病茎可以看到维管束变成黄褐色，严重的延续到植株顶部。

枯斑型病症：叶片出现局部枯斑或掌状枯斑，枯死后脱落。

黄斑型病症：叶片出现黄色斑块，后扩展为掌状黄条斑，叶片不脱落。在久旱高温之后，遇暴雨或大水漫灌，叶部还没有出现症状，植株就突然萎蔫，之后叶片迅速脱落，棉株成为光秆，剖开病茎可以看到维管束变成淡褐色，这是黄萎病的急性型症状。

图3-23　棉花黄斑型黄萎病

防治棉花黄萎病，一般在发病初期，用65%代森锌可湿性粉剂300~350倍液或50%多菌灵可湿性粉剂800~1000倍液喷雾。

6. 棉花茎枯病

棉花整个生育期都可能发生茎枯病（图3-24），以苗期、蕾期受害最重。另外，茎枯病在棉花植株的不同部位染病，症状表现也不同。

子叶、真叶染病初期，出现边缘紫红色、中间灰白色小圆斑，之后病斑逐渐扩展或融合成不规则形病斑；病斑中央有的出现同心轮纹，上面散生一些黑色小粒点；病部常破碎散落。湿度大时，幼嫩叶片出现水浸状病斑，后迅速扩展，像被开水烫过，萎蔫变黑，严重的干枯脱落，变为光秆而枯死。叶柄、茎部染病，病斑中央呈浅褐色，四周呈紫红色，略为凹陷，表面散生小黑点，严重的茎枝枯折或死亡。棉铃染病，病斑与茎上的症状相似，中间颜色比较深，甚至呈黑色；湿度大时病斑迅速扩散，导致棉铃成为僵瓣，铃开裂不全或不开裂。

图3–24 棉花茎枯病

防治棉花茎枯病，一般在发病初期，用65%代森锰锌可湿性粉剂500倍液或1∶1∶200石灰倍量式波尔多液喷雾。

7. 油菜菌核病

油菜菌核病又叫白秆、烂秆等，是油菜生产中的最主要病害，从苗期至成株期都可以发病，以开花结荚期发病最重。

油菜菌核病可以危害植株地上各部分，以茎秆受害最重。茎秆发病，一般从茎的中、下部开始。发病初期，病斑呈淡褐色、水渍状、近圆形，随后扩展为梭形至长条状绕茎大斑，病斑凹陷，中部呈白色，有同心轮纹，边缘呈褐色，发病部位与健康部位交界明显。在潮湿条件下病斑迅速扩展，病部逐渐软腐，并且长出大量白色絮状菌丝。发病后期，表皮常破裂如乱麻，髓部变空，容易折断，里面充满鼠粪状黑色菌核（图3–25），常从病茎部以上早熟枯死。叶片发病，病斑初为暗青色水渍状斑块，后扩展成圆形或不规则形大斑，中央为灰褐色或黄褐色，中层暗青色，外围有黄色晕圈。干燥时病斑破裂穿孔，潮湿时全叶腐烂并长出白色菌丝。花瓣染病，初期病斑呈水渍状；后期苍白无光泽，易脱落。潮湿时病部可长出菌丝，然后花逐渐腐烂。角果受害后变成枯白色，角果内外均可产生油菜籽大小的黑色菌核。

图3–25　油菜病部的黑色菌核

防治油菜菌核病，一般在初花期每亩用40%菌核净可湿性粉剂100~150克兑水40千克或用40%灰核宁可湿性粉剂100克兑水50千克喷雾，每7~10天喷药1次，连续防治2~3次。

二 大田作物主要虫害识别与化学防治

1. 水稻螟虫

水稻螟虫俗称钻心虫，我国主要有三化螟、二化螟和大螟三种，都是幼虫钻蛀水稻茎秆为害，造成水稻枯心和白穗。

三化螟雌成虫为黄白色，前翅近三角形，翅中央有一个黑点，腹末端有棕黄色绒毛，体长约12厘米；雄成虫呈灰褐色，体形比雌蛾稍小，前翅中央也有一个小黑点，从顶角至后缘有1条暗色斜纹，外缘有7个小黑点。三化螟的卵呈扁平椭圆形，分层排列成椭圆形卵块，卵块上覆盖有棕黄色绒毛。三化螟幼虫为淡黄色，腹足退化，老熟时，体长21厘米左右。蛹瘦长，约13厘米，呈黄白色，后足伸出翅芽外，雄蛹伸出比较长。

二化螟成虫（图3–26）体长10~15厘米，淡灰色，前翅近长方形，翅中央没有黑点，外缘有7个排成1列的小黑点。雌蛾腹部呈纺锤形，雄蛾腹部呈细圆筒形。卵为扁平椭圆形，呈鱼鳞状单层排列。卵块呈长椭圆形，表面有胶质，初产时为乳白色，后渐变为茶褐色，近孵化时为黑色。幼虫为淡褐色，体背有5条紫褐色纵纹，老熟时体长20~30厘米。蛹呈圆筒形、黄褐色，长11~17厘米，左右翅芽不相接，后足不伸出翅芽端部。

图3–26　二化螟成虫

大螟（图3–27）雌成虫体长约15厘米，雄成虫体长10~13厘米。体灰褐色，前翅近长方形，翅中部有一明显暗褐色带，带上、下方各有2个黑点，排列成不规则的四方形，后翅银白色。大螟的卵呈扁球形，表面有放射状细隆线，初产时为白色，近孵化时呈淡紫色。卵粒常2~3行排列成带状。大螟幼虫身体粗壮，头呈红褐色，体背面呈紫红色，体长30厘米左右。大螟的蛹肥壮，呈长圆筒形、淡黄色至褐色，长13~18厘米，头胸部有白粉状分泌物，左右翅芽有一段相接，后足不伸出翅芽端部。

防治水稻大螟，应该在枯鞘率达5%或见到枯心苗有初期受害症状时及时喷药。可以每亩用苏云金杆菌悬浮剂200~400毫升或50%噻嗪酮可湿性粉剂100~120克，兑水50~60千克喷雾，间隔5~7天喷1次，一般防治

图3-27　大螟成虫

2~3次就可以了。防治二化螟：秧苗期发现二化螟为害秧苗，造成枯心苗时，可以在苗期每亩用20%三唑磷乳油150~200毫升或20%虫酰肼可湿性粉剂100~150克，兑水50千克喷雾；白穗期每亩用50%乐果乳油100~150克，兑水50千克喷雾，具有很好的杀虫杀卵效果。防治三化螟：在卵孵化高峰期和破口露穗期，每亩用48%毒死蜱乳油80~120毫升或20%三唑磷乳油100~150毫升，兑水50千克喷雾，可以有效地预防枯心苗和白穗。

2. 棉盲蝽

棉盲蝽以成虫（图3-28）和若虫的刺吸式口器插入棉株的嫩头、嫩叶、花蕾和幼铃等部位，吸食汁液并分泌毒素使棉株坏死或者致棉株畸形生长。棉盲蝽种类比较多，在我国为害的主要有绿盲蝽、中黑盲蝽、苜蓿盲蝽等。

绿盲蝽成虫体长5~5.5厘米，宽约2.5厘米，呈黄绿色，全身覆盖一层细毛，触角比身体短，前胸背板上有许多黑色的小点，前翅呈绿色，膜质部分半透明且呈暗灰色。刚孵出来的若虫呈透明乳白色，吃食后逐渐变成浅绿色。5龄若虫身体为鲜绿色，触角呈淡黄色，末端的颜色稍微深一点，翅尖达腹部第5节。

中黑盲蝽的成虫体长6~7厘米，宽约2.5厘米，全身覆盖一层褐色绒

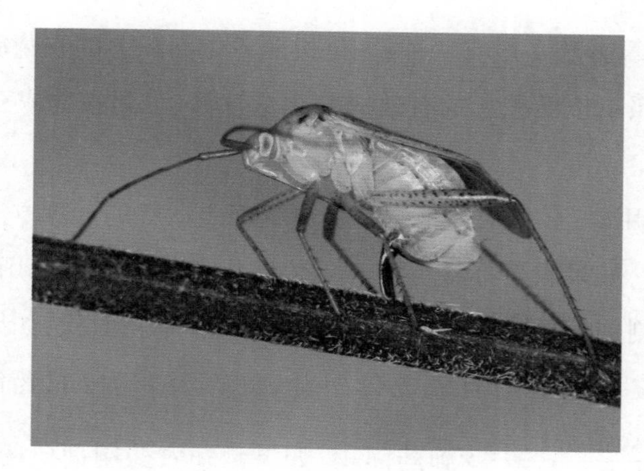

图3-28　棉盲蝽成虫

毛，头部红褐色呈三角形且很小；触角比身体长，前胸背板近中央有2个小黑圆点，小盾片与爪片的大部分为黑褐色，两翅靠拢时，身体中央呈现出一条黑褐色的带。

苜蓿盲蝽的成虫体形相对比较大，长约8厘米，全身呈黄褐色，触角呈褐色且比身体长；前胸背板后半部有2个黑色圆点，小盾片中央有2个对应的半"丁"字形褐色纹，这是区别它与其他盲蝽的主要特征。苜蓿盲蝽的若虫为暗绿色，全身被黑色刚毛，足呈淡绿色，腿节上有黑斑，胫节上有黑刺。

在苗期发现每百株棉花有3~5头棉盲蝽为害的时候，应当立即用40%乐果乳油2000倍液喷雾防治；在成株期，可以用10%吡虫啉可湿性粉剂1500~2000倍液或40%毒死蜱乳油1000~1500倍液喷雾防治。当有大量棉盲蝽为害时，可以用防效高的20%丁硫克百威乳油250倍液或1%甲氨基阿维菌素乳油1000~1500倍液喷雾，每隔5~7天用药1次，连续防治3~4次，可以迅速控制。

三 药液与毒土配制

1. 农药配制的计算

计算农药制剂和稀释剂的用量是准确配制农药的第一步。农药制剂用量的计算方法一般有三种：一是按照单位面积上的农药制剂用量计算，二是按照单位面积上的有效成分用量计算，三是按照农药制剂的稀释倍数计算。

实际应用时，我们应当根据具体情况确定适宜的计算方法。计算农药制剂用量，如果农药标签上注有单位面积上的农药制剂用量，计算公式为：农药制剂用量=单位面积农药制剂用量×施药面积；如果农药标签上只有单位面积上的有效成分用量，计算公式为：农药制剂用量=$\frac{\text{单位面积有效成分用量}}{\text{制剂的有效成分含量}}$×施药面积；如果已知农药制剂要稀释的倍数，也就是喷施药液的浓度，计算公式为：农药制剂用量=$\frac{\text{配制药液量}}{\text{稀释药液倍数}}$×施药面积。

稀释剂水或土的用量，可以分别采用内比法或外比法来计算。当稀释倍数小于100时用内比法，计算公式为：加水或拌土量=$\frac{\text{商品农药重量}\times(\text{商品农药的浓度}-\text{配制后药剂的浓度})}{\text{配制后药剂的浓度}}$；当稀释倍数大于100时用外比法，计算公式为：加水或拌土量=原药剂用量×稀释倍数。

2. 药液与毒土配制的方法

我们在配制药液之前，先要准确地定量称取或量取药剂和稀释用水。固体农药要求用秤称量；液体农药要用有刻度的量具量取，操作过程中，要避免药液流到筒或杯的外壁，并且使筒或杯处于垂直状态，以免造成量取偏差。量取配药用水，如果用水桶作计量器具，应当在内壁画出水位线，标定准确的体积后，才可以作为计量工具。

配制液体农药制剂时，要根据药液稀释量的多少确定适宜的稀释方法。药液用量比较少的，可以直接进行稀释，只要在准备好的配药容器内盛好所需用的清水，将定量药剂慢慢倒入水中，用小木棍轻轻搅拌均匀即可。如果药液用量比较大，就需要采用两步稀释法进行配制，具体

方法是:先用少量的水将农药稀释配制成母液,再将稀释好的母液按稀释比例倒入准备好的清水中,直至搅拌均匀。

可湿性粉剂通常也采取两步稀释法进行配制,就是先在药粉中加入少量清水,用木棒调成糊状,再加入一些清水调匀,以上面没有浮粉为止,最后将配制好的浓稠母液倒入药桶中,加完剩余的水进行充分搅拌。注意,千万不能图省事把药粉直接倒入大量的水中。

毒土可以采用粉剂、可湿性粉剂、颗粒剂、水剂、乳油等剂型的农药配制。配制毒土时,戴上防护手套,先将农药制剂与少量细土充分拌匀,再与足量的细土拌匀即可。如果是可溶于水的药剂,可以先将药剂溶于适量水中,再用喷雾器均匀喷洒在细土上,最后搅拌均匀。

第六节　农田杂草与收获管理

本节为中级农艺工必备技术的农田杂草与收获管理部分,主要内容包括水田杂草识别与化学防除、旱田杂草识别与化学防除、作物收获时间的确定、作物产品外观品质鉴定、秸秆还田技术、作物产品的整理与贮藏。

一　水田杂草识别与化学防除

1. 水田常见杂草识别

(1)稗草

稗草(图3–29)成株株高50~130厘米,秆直立或基部倾斜,没有毛,丛生。叶鞘扁、松弛,绿色或微带紫色;没有叶舌,叶片呈条形,中脉比较宽,呈白色。稗草花序为绿色或紫绿色,呈圆锥形。

(2)空心莲子草

空心莲子草(图3–30)也叫水花生、空心苋等,成株株高55~100厘

图 3-29　稗草

米。茎基部匍匐在地面上，上部斜生，中空，具有不明显的四棱。根从茎节的地方生长出来；叶对生，有短柄，叶片呈长椭圆形至倒卵状披针形。头状花序单生在叶腋处，花呈白色，有时不结籽，由根茎出芽繁殖。

图 3-30　空心莲子草

(3)节节菜

节节菜(图 3-31)成株株高 10~15 厘米，茎披散或近直立，呈不明显的四棱形，光滑，有时下部伏地生根。叶对生，无柄或近无柄；叶片呈椭圆形，背脉凸起。穗状花序从叶腋处生长出来，花小，呈淡红色。

图3-31 节节菜

(4)千金子

千金子(图3-32)成株株高30~90厘米,秆丛生,上部直立,基部膝曲,光滑无毛。叶片扁平,顶端逐渐变尖。圆锥花序,小穗有短柄或近无柄,排列在穗轴的一侧,顶端呈紫红色。

图3-32 千金子

(5)鸭舌草

鸭舌草(图3-33)也叫鸭仔菜、兰花草、菱角草、田芋等,成株株高20~30厘米,主茎非常短;植株基部生有匍匐茎,海绵状,多汁。有5~6片叶,呈卵圆形或卵状披针形,顶端逐渐变尖;总状花序从叶鞘内伸出,花呈蓝紫色。

图 3-33　鸭舌草

(6)大狼把草

大狼把草(图 3-34)也叫鬼叉、鬼针等,成株株高 20~90 厘米,茎直立,上部有许多分枝,有棱,常带暗紫色。叶对生,有柄,呈椭圆形或披针形,边缘有粗锯齿,下部有疏短的柔毛。头状花序单生在植株的茎端或枝端,管状花呈黄色。

图 3-34　大狼把草

(7)眼子菜

眼子菜(图 3-35)也叫竹叶草、水上漂、鸭子草,茎比较细长,节上生

根，匍匐生长。叶片分浮水叶、沉水叶两种。浮水叶为黄绿色，叶表光滑，呈长椭圆形；沉水叶狭长，叶缘呈波状，褐色。穗状花序从浮水叶的叶腋处抽生出来，花呈黄绿色。

图3–35　眼子菜

(8)茵草

茵草(图3–36)也叫水稗子，成株株高30~90厘米，秆直立，有2~4个节。叶鞘多生长在节间，无毛；叶片扁平。

图3–36　茵草

(9)陌上菜

陌上菜(图3–37)的茎直立无毛，从基部分枝，高5~20厘米；叶无柄，对生，叶片呈椭圆形；花小，粉红色；根系发达，细密成丛。

图 3–37　陌上菜

(10)雨久花

雨久花(图3–38)成株株高30~80厘米,根状茎粗壮,下部着生着纤维根。全株光滑无毛。叶片呈卵状心形,顶端逐渐变尖;叶柄比较短。

图 3–38　雨久花

(11)水蓼

水蓼(图3–39)又称辣蓼、水马蓼,成株株高30~70厘米,茎直立或下部伏地生长,根从茎着地的部位长出来。叶互生,有短柄;叶片呈披针形,顶端逐渐变尖,基部呈楔形。花序细长,呈穗状,从植株顶端或叶腋的部位抽生出来;花呈淡红色或淡绿色。

2. 稻田杂草化学防除

对于移栽水稻来说,一般在播种后出苗前,每亩用60%丁草胺乳油

图3-39　水蓼

100毫升，兑水50千克进行土壤封闭处理。移栽后4~6天，每亩用50%苯噻草胺可湿性粉剂30~40克或60%丁草胺乳油100毫升，拌细潮土20千克在稻田中均匀撒施。注意，施药前，应当先灌3~5厘米深的水；施药后，使水深保持在3~5厘米5天左右，可以有效防除稗草和莎草科杂草。

对前期除草效果差、杂草发生量大的田块，应该在水稻拔节期，及时排干田间水层，开展针对性防除工作，施药后1~2天再上水。

对于以稗草为主的田块，每亩用50%二氯喹啉酸可湿性粉剂50~60克，兑水50千克喷雾，施药后隔1~2天上水。

对于千金子生长比较严重的田块，每亩用10%氰氟草酯乳油50~70毫升，兑水50千克喷雾。

对于以阔叶杂草为主的田块，每亩用10%苄黄隆可湿性粉剂20~30克或20%使它隆乳油50~60毫升，兑水50千克喷雾。

二 旱田杂草识别与化学防除

1. 旱田常见杂草识别

(1)马齿苋

马齿苋(图3-40)的茎从基部开始分枝，平卧或顶端斜向上生长，绿色或紫红色。叶互生，有时为对生，叶柄极短；叶片呈倒卵状，光滑无毛，多汁。花没有梗，常3~5朵簇生在枝顶，黄色，有凹头。

图3-40 马齿苋

（2）凹头苋

凹头苋（图3-41）成株株高10~30厘米，全株无毛。茎从基部分枝，绿色或紫红色，呈伏卧状上升。叶片呈卵形，顶端凹缺，基部呈宽楔形。花簇腋生在枝的上端，集成穗状花序或圆锥状花序。胞果呈卵形，略扁，不开裂，稍皱缩。

图3-41 凹头苋

（3）反枝苋

反枝苋（图3-42）也叫红枝苋、野苋菜，成株株高80~100厘米，茎直立，有分枝，上面密生着短柔毛。叶互生，有长柄；叶片呈卵形，边缘有细齿。花序呈圆锥状，花呈白色，具有1条浅绿色的中脉。胞果呈扁球形，包在花被里。

图3-42　反枝苋

（4）地锦

地锦（图3-43）也叫红丝草，茎比较纤细，从基部分枝，匍匐生长，紫红色，无毛。叶对生，绿色或淡红色，长圆形，边缘有细齿。花序呈杯状，单生在叶腋。

图3-43　地锦

（5）马唐

马唐（图3-44）又称鸡窝草、鸡爪草，成株高40~100厘米。秆光滑无毛,从基部倾斜生长,着地后上面的节容易生根;叶片呈条状披针形,两面稀疏地长着一些软毛;有3~10枚总状花序,呈指状生长在秆顶;通常有两个小穗,一个有柄,一个无柄,成两行分别着生在穗轴的一侧。

图3-44 马唐

(6)牛繁缕

牛繁缕(图3-45)又称鹅肠草,成株株高10~30厘米。茎直立或平卧生长,下部节上生长着根,上部呈叉状分枝;茎的一侧有一列短柔毛,其余部分无毛。叶对生,卵形;茎上部的叶无柄,下部的叶有柄。花单生在叶腋或组成疏散的聚伞花序生长在茎顶端,花梗纤细。

图3-45 牛繁缕

(7)猪殃殃

猪殃殃(图3-46)又称拉拉藤,它的茎多从基部分枝,四棱形,棱上和叶背面中脉上都有倒生的细刺，用手触摸有粗糙的感觉，攀附着其他物体向上生长或伏地蔓生。它有6~8片叶，轮生，叶片呈条状倒披针形，顶端有刺尖，表面疏生着细刺毛；聚伞花序上有许多黄绿色的小花。

图3-46　猪殃殃

（8）苘麻

苘麻（图3-47）成株株高1~2米，茎直立生长，上部有分枝，上面分布着绒毛。叶互生，圆心形，顶端尖，基部心形，两面密生着星状的柔毛；叶柄比较长。花呈黄色，单生在叶腋，有5片花瓣。

图3-47　苘麻

(9)打碗花

打碗花(图3-48)又称小旋花,成株地下有白色横走的根茎,茎有蔓生性,缠绕或匍匐分枝,有细棱。叶互生,有长柄;茎基部的叶接近椭圆形,茎中上部的叶呈三角状戟形。花单生在叶腋,花梗有棱角;苞片呈宽卵形,包住花萼;花冠呈漏斗状,粉红色或淡紫色。

图3-48　打碗花

(10)刺儿菜

刺儿菜(图3-49)成株株高30~50厘米,茎直立,有棱。叶互生,没有叶柄;叶片呈椭圆形或披针形,两面密生着蛛丝状的柔毛。头状花序单生在茎的顶端,雌雄异株,雄株花序小于雌株花序;花呈浅红色或紫红色。

图3-49　刺儿菜

(11)野燕麦

野燕麦(图3-50)也叫燕麦草、铃铛麦,成株株高30~120厘米,秆丛生或单生,直立。叶片呈宽条形。圆锥花序呈展开状,分枝轮生,上面稀疏地生长着一些小穗;花梗细长,小穗轴的节间密生着淡棕色或白色的硬毛。外稃质地坚硬,黄褐色,下部散生着一些粗毛,芒从稃体稍下方伸出,下部扭转。

图3-50　野燕麦

(12)苍耳

苍耳(图3-51)成株株高50~100厘米,茎直立,分枝比较多。叶互生,有长柄;叶片呈三角状卵形或心形,边缘有浅裂及不规则的粗锯齿,

图3-51　苍耳

两面都生有粗糙的柔毛。花单性，雌雄同株；雄花头状花序呈球形，浅黄绿色，密集在枝的顶端；雌花头状花序呈椭球形，着生在雄花序的下方。聚花果呈宽卵形或椭圆形，外面呈淡黄色或浅褐色。

2. 麦田杂草化学防除

麦田阔叶杂草防除，可以在小麦2叶期至拔节期，杂草3~4叶期，每亩用75%苯磺隆干悬浮剂0.9~1.4克，兑水30~50千克均匀喷雾；也可以在小麦4叶期至分蘖期，每亩用48%麦草畏水剂20~30毫升，兑水40千克喷雾。

麦田禾本科杂草防除，可以在小苗出苗后一周内，每亩用6.9%精恶唑禾草灵浓乳剂40~60毫升或10%精恶唑禾草灵乳油30~40毫升，兑水30千克喷雾。

对于阔叶杂草和禾本科混生的麦田，一般在小麦播种后出苗前，每亩用20%绿麦隆200~300克，兑水30千克进行土壤封闭除草。在小麦3~5叶期，再每亩用20%二甲四氯水剂125~150毫升或75%苯磺隆干悬浮剂1~1.5克，兑水40千克进行茎叶喷雾处理。

三 作物收获时间的确定

一般来说，水稻和小麦收获适期为蜡熟末期至完熟初期；玉米收获适期为完熟期；油菜收获适期为全田角果有70%~80%转为黄绿色，主花序基部转为枇杷黄色，种皮变成黑褐色时；大豆的收获适期为黄熟期至完熟期；烟草收获适期为叶内干物质积累达到最高峰时；棉花收获适期为棉铃裂嘴后6~7天。

四 作物产品外观品质鉴定

作物的外观品质也叫形态品质、商品品质，是指作物初级产品外在、

形态和物理上的表现，如籽粒的形态、整齐度、饱满度、颜色、胚乳质地等。

稻米的外观品质由米粒的形状、大小、颜色、粒重、透明度、光泽度等因素组成，其中颜色、透明度和光泽度，我们可以直接通过目测做出评定。

米粒的形态通常用整粒精米粒的长度与宽度的比例表示。测定米粒的长度、宽度和长宽比的方法为：从试样中随机数取完整精米2份，每份10粒，在轮廓投影仪下分别量出每粒的长度和宽度，数值精确到0.1毫米；求出平均长度和宽度，并且计算出长宽比。我们也可以将10粒完整精米按长度排成一条直线，用直尺量出总长度，再将10粒完整精米按宽度排列，量出总宽度；求出这些试样米粒的平均长度和宽度，并且计算出长宽比。

垩白度为稻米外观品质的重要指标之一，是稻米中垩白部位的面积占米粒投影面积的百分比。测定垩白度需要测定出垩白粒率和垩白大小两个指标。

测定垩白粒率时，从糙米样品中随机数取完整米粒100粒，拣出有垩白的米粒，用公式：$\frac{\text{垩白米粒数}}{\text{供试米粒数}}\times100\%$计算垩白粒率；重复一次，两次测定的平均值就是垩白粒率。

垩白大小的测定方法：从分选出来的垩白米粒中，随机数取10粒，将米粒平放，正视观察，逐粒目测垩白面积占整个米粒投影面积的百分比；重复一次，两次测定结果的平均值即为垩白大小。在测定出垩白粒率和垩白大小的基础上，用公式：垩白粒率（%）×垩白大小（%）就可以计算出稻米的垩白度了。

稻米粒重以100粒完整糙米的重量表示。测定时，从糙米样品中数取2份试样，每份100粒，用天平称出重量，数值精确到0.1克，计算出的平均重量就是稻米的粒重。

五 秸秆还田技术

秸秆还田是将作物秸秆直接或堆积腐熟后施入土壤的一种方法。秸秆还田可以改良土壤、加速生土熟化、提高土壤肥力、增加作物产量。目前，秸秆还田主要有秸秆机械化粉碎还田、秸秆覆盖还田、秸秆堆腐还田等几种方式。

秸秆机械化粉碎还田是采用联合收割脱谷机收获作物，在收割脱谷的同时，将作物秸秆粉碎成6~8厘米长，直接扬到田间，随后翻地，将秸秆全部压入地下15~20厘米深的土层中。

没有条件的可以采用覆盖还田和堆腐还田两种方式。秸秆覆盖还田是将作物秸秆直接平铺覆盖在田面上。生产上，稻茬小麦免耕栽培就是采用秸秆覆盖还田技术。用稻草覆盖麦田，既能保墒增温，又能够避免越冬期小麦受冻，有利于麦苗安全越冬。一般每亩麦田覆盖干稻草300千克，覆盖要做到厚薄均匀，以草不成堆、田不露土为宜。第二年开春后，覆盖在田中的稻草已经逐渐腐烂，就可以作为小麦后期的优质追肥了。

秸秆堆腐还田在生产中有多种方法：一种是在作物收获后，在田头拐角处，开挖适宜大小的田头窖，窖挖好后，将作物秸秆分三层堆置到窖内，每一层都尽量踩实，并且在上面均匀撒上适量有机物料腐熟剂和尿素，以促进秸秆尽快发酵腐熟，提高腐熟效果。一般每亩油菜秸秆用2千克有机物料腐熟剂和3~5千克的尿素。当最后一层的秸秆处理结束后，将挖窖时预留的土均匀地覆盖在秸秆上面，覆盖厚度掌握在5~10厘米。经过2~3个月的腐熟过程，当种植下季作物时，完全腐熟的秸秆就可以还田了。还田时，只要将秸秆从窖中挖出来，均匀地撒施在田间，最后进行深翻耕就可以了。

快速腐熟还田是各地普遍应用的秸秆还田方式，它是利用一些高效微生物菌剂，如催腐剂、301菌剂、速腐剂等，将秸秆就地堆制，在比较短的时间内快速腐熟还田。这种秸秆还田方式不受季节和地点限制，堆制方法简单，省工又省力。

我们堆腐小麦秸秆，可以按每500千克秸秆加水1000千克的量加足水，使秸秆的含水量在60%~70%；也可以在雨季将秸秆摊开接纳雨水。催熟剂用水溶解开，每0.6千克催熟剂兑水50千克，搅拌均匀即可。用喷雾器将充分溶解的催熟剂均匀喷洒在已经浸透水的小麦秸秆上，喷洒结束后，将秸秆堆成梯形堆肥，表面用泥封严或者用塑料薄膜盖上。注意，要让肥堆的顶部呈凹形，这样有利于接纳雨水或进行人工浇水。夏季一般堆沤20天就可以了，冬季可加盖一些覆盖物，以利于秸秆保温发酵。

六 作物产品的整理与贮藏

1. 作物产品的整理

作物产品的整理包括干燥、除杂和包装三个方面。

（1）干燥

作物产品的干燥处理有自然干燥和机械干燥两种方式。自然干燥是将作物产品摊在晒场上或塑料垫上，利用阳光和自然风力晾晒，使产品的含水量达到安全贮藏要求。

机械干燥是利用加温机械进行烘干，干燥过程中，要严格控制干燥温度和风速。需要注意的是，对作物产品采取机械干燥时，不宜使用以传导方式加热的干燥机进行干燥；对高水分产品，一次不能脱水过多，最好采用间歇干燥或先低温后高温的干燥方法；另外，干燥时速度不能过快，否则会影响产品品质。

（2）除杂

清除产品的杂质主要采用筛选、风选或筛选与风选相结合的方法，去除作物产品中混杂的作物秸秆、杂草种子、瘪粒、坏粒和一些比较轻的杂质。

2. 作物产品的贮藏

收获的作物产品必须做到安全贮藏。贮藏作物产品的仓库应当具备防潮防水、密闭性好、通风性好、隔热保温、坚固结实的特点。贮藏作物产品的器具要求具有良好的防潮性、密封性，最好用塑料薄膜、油毡等进行覆盖防潮。贮藏期间，应当经常性地检查作物产品；检查时，为避免造成环境相对湿度高而引起作物产品吸湿增水，导致发生霉变，一般要求在气候干燥的时段进行开仓检查。

第四章 高级农艺工

第一节 苗情诊断与营养诊断

本节为高级农艺工必备技术的苗情诊断与营养诊断部分，主要内容包括作物苗情诊断技术和作物营养诊断技术。

一、作物苗情诊断技术

看苗管理是作物栽培的核心，而苗情诊断是作物看苗管理的依据。所谓苗情诊断就是通过各种诊断指标，对作物的长势、长相做出判断。

1. 水稻苗情诊断技术

水稻苗期的壮秧一般具备以下特征：生长健壮，苗体有弹性，叶片宽厚挺健，叶鞘短粗，苗基宽扁，带有分蘖，叶色深绿，苗高适中，没有病虫，绿叶多，黄叶、枯叶少；根系发达，白根多，没有黑根；秧苗群体生长旺盛，长势均匀一致，个体间差异小。苗期的徒长苗一般表现为苗细高，叶片过长，有露水时或下雨后出现披叶，苗基细圆，没有弹性，叶色过浓，根系发育不良。苗期的瘦弱苗一般表现为苗短瘦，叶色黄，茎硬细，生长缓慢，根系发育差。

分蘖期壮苗的长势、长相特征为：返青后叶色由淡转浓，长势蓬勃，出叶和分蘖迅速，稻苗清秀健壮，早晨有露水时看苗弯而不披，中午看苗挺拔有劲。分蘖末期群体量适中,全田封行不封顶,晒田后,叶色转淡落黄。分蘖期的徒长苗表现为叶色浓,呈墨绿色,出叶、分蘖末期叶"一路青",封行过早,封行又封顶。分蘖期的瘦弱苗表现为叶色黄绿,叶片和株形直立,呈"一炷香",出叶慢,分蘖少,分蘖末期群体量过小,叶色显黄,植株矮瘦,不封行。

水稻幼穗分化期的健壮苗的特征是:晒田复水后,叶色由黄转绿,到孕穗前保持青绿色,直到抽穗。稻株生长稳健,基部显著增粗,叶片挺立青秀,剑叶长宽适中,全田封行不封顶。幼穗分化期的徒长苗表现为叶色乌绿,贪青迟熟,秕谷多,青米多。幼穗分化期的瘦弱苗表现为叶色枯黄,剑叶尖早枯,显出早衰现象,粒重降低。

2. 冬小麦苗情诊断技术

冬小麦的冬前壮苗表现为个体生长健壮,叶片、分蘖及根的生长都符合同伸关系,叶色泛绿,叶片宽大,群体长势旺;弱苗表现为分蘖缓慢,叶片短小,叶鞘细长,叶窄色淡,叶片由下而上逐渐变黄,叶尖干枯,根少而细。

冬小麦返青期的壮苗表现为每亩群体在80万~90万株,单株茎数3~4个,单株次生根10~15条,叶色深绿,株高20厘米左右;旺苗表现为每亩群体超过100万株,叶片宽大,黑绿发亮,心叶出现快,株高30厘米以上。

冬小麦拔节孕穗期的壮苗表现为每亩群体在70万株左右,分蘖两极分化开始,大、中、小分蘖档次拉开,植株生长整齐,幼穗分化进入小花分化期;旺苗群体株数在80万以上,叶片宽大浓绿,田间通风透光差,下部叶片发黄,基部节间长,茎秆壁薄且细软;弱苗群体不足,苗黄、苗瘦。

冬小麦抽穗期的壮苗表现为抽穗后穗层整齐,植株看起来青秀老健,茎秆富有弹性,基部干净利落,叶、秆一青到底,田间通透性好;旺苗表现为田间穗多且小,穗层不整齐,下部黄叶多,茎秆细软;弱苗表现为穗数不足,穗小,矮秆品种植株低矮,出现早衰现象。

冬小麦灌浆期的壮苗表现为穗数足,穗大粒饱,穗层整齐,旗叶和倒

2叶为绿色，秆壮，富有弹性，落黄好，没有病虫为害；旺苗表现为穗过多，穗小，穗层不整齐，叶片呈灰白色，灌浆不好，有青枯和倒伏现象；弱苗表现为穗数不足，穗小粒少，有早衰现象。

3. 棉花苗情诊断技术

棉花苗情诊断主要依据主茎日增长量、茎顶长势、茎秆色泽、叶色变化、叶片大小、节柄比、蕾上叶数、封行状况等指标。

棉花子叶期的壮苗表现为子叶节长5厘米左右，子叶宽4厘米左右，子叶肥厚、平展、微微下垂，子叶节比较粗，红茎比0.6左右。1叶期的壮苗表现为子叶节长5.5厘米左右，子叶宽4~4.5厘米，红茎比0.6左右。2叶期的壮苗表现为主茎节间短、粗，2片真叶的叶面与子叶的叶面大体处于同一个平面上，叶面平展，叶片中心稍稍凸起，叶色浅绿；旺苗表现为真叶明显高于子叶，并且叶柄间夹角小，叶片大，叶色绿；弱苗表现为茎秆细弱，叶片瘦小，叶色黄绿。4叶期的壮苗表现为株高5厘米左右，株宽大于株高，棉株矮胖，顶4叶序为4、3、2、1，主茎日增长量为0.3~0.4厘米；旺苗表现为顶芽肥嫩，顶心下陷深，叶片肥大、下垂，叶色深绿，茎秆嫩绿，红茎比小于0.5；弱苗表现为株宽等于或小于株高，叶片小，茎秆细弱。

现蕾期的壮苗表现为株高13~18厘米，棉株呈“亭”字形，上下窄，中间宽，叶色亮绿，顶4叶序为4、3、2、1，顶心舒展，蕾上叶数为2片，主茎日增长量为1~1.4厘米。顶心深陷、叶色浓绿的为旺苗。棉株瘦高、叶色偏淡的为弱苗。

盛蕾期的壮苗表现为株高40厘米左右，叶色深绿，小行似封非封，红茎比为0.6~0.7，主茎日增长量为1~1.2厘米，心叶直立，顶4叶序为4、3、2、1，蕾上叶数为0。植株高大，中部节间长度大于5厘米，叶片肥大，叶色浓绿，蕾小，顶心下陷，小行封行为旺苗。棉株瘦小，顶心上窜为弱苗。

初花期的壮苗表现为株高60厘米左右，红茎比为0.7左右，主茎日增长量1厘米左右，花上叶数8片左右，顶心舒展，未展叶呈马耳朵状，叶包蕾,倒5叶节柄比为0.5左右。如果未展叶叶尖弯曲,顶心呈疙瘩状,大蕾包围顶心,而且顶心不随太阳转,倒1叶明显小于倒2叶或倒1叶已经长大而没有新叶展平,花上叶片数少于7片为受旱苗。花上叶片数多于9片,倒4叶叶片长度大于12厘米,中部节间长度大于6厘米的为旺苗。

盛花期的壮苗表现为远看棉田呈覆瓦状,大行似封非封,近看棉田大行下封上不封,中间一条缝;花上叶数6~7片,叶色继续褪淡,株高60~66厘米,顶4叶序为(3、2、1)、4或(3、2)、1、4。旺苗表现为大行封严,地面漏光很少,远看棉田齐平,植株高大,枝叶繁茂,茎秆上下一般粗,红茎比小于0.6,叶片肥大,叶色深绿,顶4叶序为(3、4)、2、1。弱苗表现为大行不封,漏光带明显。

盛铃期的正常棉田应该是"八一花上梢",就是8月初棉田群体顶部可以看到白花和红花,叶色转深,植株老健清秀。贪青晚熟棉田,在8月初,顶部不见花,叶色浓绿,群体封严、郁蔽,茎秆青绿,有的赘芽丛生。早衰棉田,7月下旬红花盖顶,植株瘦小,大行不封行;8月红茎比大于0.95,叶色淡绿,上部蕾小,盖顶桃少,叶斑病或红叶病比较重。

吐絮期的正常棉田,8月下旬到9月初,绿叶托白絮,主茎落叶叶位低于吐絮叶位1叶左右。早衰棉田,8月下旬大量吐絮,主茎落叶叶位高于吐絮叶位1叶以上,叶片褪绿或出现红叶,叶片上可能出现病斑。贪青晚熟棉田,9月初还没有吐絮或吐絮不畅,植株高大,红茎少,田间郁蔽或出现二次营养生长,棉株上部出现新枝或赘芽,铃小,下部有烂铃。

4. 油菜苗情诊断技术

油菜苗床期的壮苗表现为移栽时叶龄6~7叶,苗高20~25厘米,株型敦实、紧凑,节间短缩,有绿叶6~7片,叶大而肥厚,叶色深绿,叶密集丛生,根颈粗度不小于0.6厘米,叶柄粗短,主根粗壮,支根、细根多,没有病虫害,没有高脚苗和曲颈苗。群体生长基本一致,整齐均匀,群体叶面积指数小于3,苗龄在30~35天。旺苗虽然叶片数比较多,但是叶柄过长,叶色嫩绿，根颈细长，成为高脚苗或长茎苗。弱苗叶片数比较少，叶片细长，缩茎开始抽长，根颈粗度小，也称为细线苗。叶片数少、叶片小且短、缩茎短、根颈小的苗属于僵苗。

油菜冬发壮苗不但要有较大的苗体、较强的苗势，而且要有较强的抗寒能力。越冬期的油菜苗以多大为宜，应当根据各地的生产条件和栽培水平来确定。一般冬发油菜苗应该有11片以上的绿叶，根颈粗度大于1.5厘米；冬壮油菜苗应该有8~10片绿叶，根颈粗度大于1厘米；弱苗只有6片以下的绿叶，根颈粗度小于1厘米。除了以苗体大小衡量越冬苗的优势，还可以从叶色、根重、植株含糖量等方面来鉴别。例如，长江流域的冬壮苗应该是叶片浓绿不发红，叶缘略带紫色，看上去即将封行，但是不抽薹。

二 作物营养诊断技术

生产上，常用外观形态诊断法进行作物的营养诊断。

1. 主要作物常见缺素症状

(1)缺氮

水稻缺氮症状首先出现在主茎的下位叶，之后逐渐向上部发展，叶色从叶尖开始由绿变黄，沿中脉呈倒“V”形向叶基部扩展，直到全叶失绿、枯黄，上部绿叶少，叶片小、窄、直立，植株瘦小，不发根，分蘖少或没有分蘖，植株下部枯叶多，不封行或迟封行，穗小粒少，植株矮小，叶片淡绿，呈直立状。

小麦缺氮，植株矮小瘦弱，生长缓慢，叶片窄小，呈直立状，叶色淡绿，严重时叶片由基部向上变黄，尖端干枯致死，分蘖少或没有分蘖，根系短，根量少，茎秆细弱，穗短粒少。

油菜缺氮，新叶生长慢，叶片少，叶色淡，逐渐褪绿呈现紫色，茎下叶变红，严重的呈焦枯状，出现淡红色叶脉，植株瘦弱，主茎矮、纤细，株型松散，角果数很少，开花早且开花时间短，终花期提早。

棉花缺氮，棉株生长缓慢，茎秆矮小细弱，红茎比增大，果枝伸展不出来，蕾铃瘦小脱落多，叶色褪绿呈黄绿色，后变黄色，严重时变成黄棕色、枯死。

（2）缺磷

水稻缺磷，先是下位叶呈暗绿色，逐渐向上位叶发展，继而老叶枯黄，严重时下位叶纵向卷缩，叶面上有青紫褐色或赤褐色斑点；植株长势与正常情况下差异不明显，但是叶片直立、细窄。

小麦缺磷，麦苗生长缓慢，叶片呈暗绿色，没有光泽，新叶蓝绿，叶尖紫红，茎秆细弱，分蘖少，根系发育不良，抽穗扬花时间推迟，空秕粒增多，千粒重低。

棉花缺磷，棉株矮小，生长慢，茎秆细、脆，叶片小，叶色暗绿或灰绿，无光泽，严重时从叶尖沿叶缘呈灰色干枯且带紫色，茎也变紫，现蕾、开花、吐絮均推迟。

油菜缺磷，叶片呈暗蓝绿色到淡紫色，叶片小，叶肉厚，无叶柄，叶脉边缘有紫红色斑点或斑块，叶量少，下部叶片转黄，容易脱落，严重的叶片边缘坏死，老叶提前凋萎，叶片变成狭窄状；有的植株矮小，茎变细，分枝少；有的植株外形瘦高而直立，根系小，侧根少。

烟草缺磷，烟株生长缓慢，地上部分呈玫瑰花状，叶小，叶形狭长，叶片带铁锈色，下位叶出现褐色斑点，严重的扩展到上位叶。缺磷时，叶一般不成熟，叶色也不鲜亮。

（3）缺钾

水稻缺钾，一般从下位叶开始出现赤色焦尖和斑点，并逐步向上位叶面扩展，病株的根部短而细弱，整个根系呈黄褐色到暗褐色，植株矮化，茎秆细弱，新根少，叶色灰暗，生长不整齐，成穗率低，结实率差，籽粒不饱满。

小麦缺钾，麦苗下部老叶的叶尖、叶缘先变黄，而后逐渐变褐色，远看像被火烧过一样；严重时整叶干枯，茎秆细小柔弱，容易发生倒伏。

棉花缺钾，叶片上先是出现黄色斑块，随后在叶脉间出现黄色斑点并逐渐扩展为褐色斑，最后整片叶呈红棕色，叶片皱缩，叶缘下垂，叶片枯死或提前脱落，茎秆矮小细弱，铃小且难吐絮，蕾铃脱落严重；严重时，植株过早枯死，呈红叶茎枯状。

油菜缺钾，先从老叶开始，后向心叶发展，最初叶片上出现黄色斑，叶尖叶缘逐渐出现焦边和淡褐色枯斑，叶片变厚、变硬、变脆，叶肉组织呈明显烫伤状，随后出现萎蔫，直到全叶枯死。

烟草缺钾，下位叶的叶尖先变黄，后扩展到叶缘及叶脉间，从叶缘开始枯死，叶向下卷曲。

(4)缺硫

水稻缺硫，表现为返青慢，分蘖少或不分蘖，植株瘦矮，叶片薄而且数量少，幼叶呈浅绿色或黄绿色，叶尖有水浸状圆形褐色斑点，叶尖枯焦，根系呈暗褐色，白根少，生育期推迟。

小麦缺硫，通常幼叶叶色发黄，叶脉间失绿黄化，而老叶仍为绿色，幼小分蘖趋向于直立。

棉花缺硫，症状在幼嫩部位表现明显，与缺氮类似。植株矮小，下部叶片呈绿色，上部叶片黄化，向下弯曲，之后呈现紫红色或褐色斑驳，叶脉仍保持绿色。

油菜缺硫，开始表现为植株呈浅绿色，幼叶色泽比老叶浅，之后叶片逐渐出现紫红色斑块，叶缘向上卷曲，开花结荚迟，花荚既少又小，而且颜色比较淡。

烟草缺硫，表现为整个植株呈淡绿色，下部老叶容易枯焦，叶尖常卷曲，叶面上也会有一些突起的泡点。

(5)缺硼

油菜、棉花对硼比较敏感,不同时期缺硼,症状表现各有不同。

油菜苗期缺硼,叶片皱缩、倒卷,有的从叶缘到全叶变为红色或出现紫红色斑块;严重的从根基处木质部开始空心,根呈黄褐色或黑褐色,根颈膨大。严重缺硼的油菜苗矮小,茎尖生长点枯萎变褐色。油菜蕾薹期缺硼,根颈处的症状与苗期相似,花蕾枯萎变褐色或紫色,抽薹迟缓,薹茎极度短缩且生长缓慢,分枝丛生而矮小,花序褪绿萎缩,茎秆折裂,主茎和上部分枝萎缩,须根少,此外,花蕾枯萎变褐色或紫色。油菜花角期缺硼,花瓣干枯皱缩,花柱头伸出而枯萎,胚珠萎缩,角果小而枯萎脱落;严重缺硼时,生长点停止生长,不长真叶。

棉花棉蕾期缺硼,叶柄比较长,下部叶柄出现褪绿环带,叶色深绿,叶片肥大,下部叶片萎蔫,现蕾少,果枝粗短。棉花花铃期缺硼,花少且小,花粉活力下降,而导致蕾而不花或花而不实,幼铃少,成桃少,铃轻,呈尖钩状。

(6)缺锌

对锌比较敏感的作物有水稻、棉花等。

水稻缺锌一般发生在本田中,主脉有失绿现象并沿主脉向叶缘扩大,叶片多呈黄白色,最后整个叶片呈褐色,植株矮小,分蘖小,根系发育迟缓。

棉花缺锌,植株矮小,叶小而簇生,叶面两侧出现斑点,叶脉间失绿,叶片增厚、发脆,边缘向上卷曲,节间缩短,生育期推迟。

第二节 病虫害田间调查与作物产量测定

本节为高级农艺工必备技术的病虫害田间调查与作物产量测定部分,主要内容包括病虫害田间调查常识、水稻病虫害田间调查和作物产

量测定。

一 病虫害田间调查常识

1. 调查内容

病虫害田间调查是开展病虫害预测预报、制定防治方案、提供数据资料和依据的基础性工作,分为一般调查和重点调查两类。一般调查又称普查,在病虫害的资料不多或不系统时采用,目的是了解某一地区或作物上病虫害的种类和分布、为害等情况,调查面比较广,选点要有代表性,记载的项目不必很细。重点调查又称专题调查或系统调查,是在一般调查的基础上,选择重要的病虫害,深入系统地调查它的分布、发病轻重、消长规律、防治效果等,调查的面积不一定要广,但是调查次数要多,记载要准确详细。

2. 病虫害田间分布型

不同病虫害在田间分布的格局是不同的,形成不同的分布型,最常见的有三种,分别是随机分布型、核心分布型和嵌纹分布型。病虫害田间分布型是确定取样调查方式的重要依据。

随机分布型的病虫害在田间是随机分布的,并且呈比较均匀的分布状态,每个个体之间具有相互独立性。玉米螟、三化螟的卵块,小麦散黑穗病等都属于随机分布型。

核心分布型的病虫个体形成许多小集团或核心,并且从这些小核心向四周做放射状扩散蔓延,核心与核心之间是随机的,呈不均匀分布状态,核心内病虫通常比较密集,核心大小相近或不等。二化螟、三化螟的幼虫及被害株、土壤线虫病等都属于核心分布型。

嵌纹分布型的病虫害田间分布呈疏密相间,形成密集程度非常不均匀的大小集团,呈嵌纹状。棉叶螨、棉铃虫幼虫、水稻白叶枯病、小麦白粉病等都属于嵌纹分布型。

病虫害取样数量的多少和样点形状、大小取决于病虫分布型。随机分布型调查时，取样数量可以少一些，每个样点可以稍大一点；核心分布型调查时，取样数量要稍多一些，每个样点应当稍小一点，而且采用线形的样点比较合理；嵌纹分布型调查时，取样数量可以多一些，每个样点则要适当小一点。

3. 病虫调查取样方法

病虫田间调查采取抽样调查法，常用的取样方法包括5点取样、单对角线取样、双对角线取样、棋盘式取样、平行跳跃式取样和“Z”形取样等。

一般密集的或成行的植株、害虫分布为随机分布的种群适宜采用5点取样、单对角线取样、双对角线取样这三种取样方法；成行栽培的作物、核心分布的害虫种群适宜采用平行跳跃式取样方法；嵌纹分布的害虫种群适宜采用“Z”形取样方法。

4. 病虫取样单位

取样单位依病虫种类、作物及栽培方式的不同而异。麦类等条播密植作物上的病虫取样单位用米，作物苗床上的病虫取样单位用平方米，粮食、种子中的病虫取样单位用千克，植株或植株的一部分病虫是以整株或叶片、蕾铃、枝条、果实等为单位计算上面的病虫害，诱集器械是以黑光灯、谷草把、糖醋盆等诱集器械在单位时间内诱捕的病虫数为取样单位。

5. 调查资料的整理与计算

田间调查所获取的数据资料，要进行整理与计算，通过比较分析，找出规律，进行防治决策。计算分析的内容通常有被害率、种群密度、病情指数和病虫害的损失估计。

被害率表示作物被害虫危害的普遍程度，计算公式为：被害率=$\frac{被害单位数}{调查总单位数}\times100\%$。这个公式同样适用于有虫株率和病害的发病率的计算。

种群密度表示在一个单位内的种群数量，可以用种群密度（头/10000

平方米）$=\frac{调查总虫数}{调查总单位数}\times100\%$或种群数量（头/百株）$=\frac{调查总虫数}{调查总株数}\times100\%$来计算。

病情指数又称感病指数，为病害发生的普遍程度和严重程度的综合指标。常用于植株局部受害且各株受害程度不同的病害，计算公式为：病情指数$=\frac{\sum(病害级别代表值\times该级样本数)}{最高级别代表值\times调查总样本数}\times100\%$。在进行虫害调查时，也可以将作物受害程度分级，然后计算被害指数，计算方法与病情指数相同。

计算病虫害造成的损失，用损失百分率或实际损失的数量表示，通常包括三个方面，分别为实际损失系数、作物受害株百分率、产量损失百分率或实际损失数量。

实际损失系数的计算公式为：实际损失系数$=\frac{受害株单株平均产量-被害株单株平均产量}{受害株单株平均产量}\times100\%$。受害株百分率计算公式为：受害株百分率$=\frac{被害株数}{调查总株数}\times100\%$。产量损失百分率计算公式为：产量损失百分率$=\frac{损失系数\times受害百分率}{100}$。单位面积的实际产量损失计算公式为：单位面积的实际产量损失$=\frac{未受害株单株平均产量\times单位面积总株数\times产量损失百分率}{100}$。

二 水稻病虫害田间调查

1. 稻瘟病系统调查

（1）苗瘟调查

稻瘟病苗瘟的调查时间从3~4叶期到拔秧前3~5天，共查2~3次。选择发病轻、中、重的代表类型田，每类型田查3块，5点取样，每点随机查20

株,每块田查100株。调查病株数、急性型病株数、叶龄期,按苗瘟病情分级标准进行分级,记录调查结果。病情指数用前面介绍过的公式计算得出。

苗瘟病情分级标准以株为单位,无病斑的为0级,5个以下病斑的为1级,5~10个病斑的为2级,全株发病或部分叶片枯死的为3级。

(2)叶瘟调查

叶瘟调查从插秧后秧苗返青开始,每5天调查1次,到始穗期止。根据当地水稻品种的布局状况和生态类型,选择发病条件好、发病比较早并且有代表性的早、中、迟3种类型感病品种稻田各2~3块,作为系统观测田,在整个观察期内不施用防病药剂。每块田在近田埂的第2至第3行稻内直线定查2点,每点查2丛的绿色叶片。按大田叶瘟病情分级标准进行分级,记载调查结果。凡是混生急性和慢性病斑的病叶以急性型叶数计入,剑叶和叶环瘟数应当在备注中记录。

大田叶瘟病情分级标准以叶片为单位,无病为0级;病斑少而小,病斑面积占叶片面积的1%以下的为1级;病斑小而多,或大而少,病斑面积占叶片面积的1%~5%的为2级;病斑大且多,病斑面积占叶片面积的5%~10%的为3级;病斑大而多,病斑面积占叶片面积的10%~50%的为4级;病斑面积占叶片面积50%以上,全叶将枯死的为5级。

(3)穗瘟调查

穗瘟调查时间从始穗期开始,每5天调查1次,至黄熟期结束,以大田叶瘟的系统调查田作为穗瘟的系统调查田。可以在原叶瘟定点稻丛内继续观察;在病轻年份,原定点的稻丛不能明显反映病情趋势时,应当从定点处外延扩大到50丛稻进行观察。按穗瘟病情分级标准进行分级,记录调查结果。

穗瘟病情分级标准以穗为单位,无病的为0级,每穗损失5%以下、个别枝梗发病的为1级,每穗损失5%~20%、三分之一左右枝梗发病的为2级,每穗损失20%~50%、穗颈或主轴发病的为3级,每穗损失50%~70%、

穗颈发病、大部分为秕谷的为4级,每穗损失70%以上、穗颈发病造成白穗的为5级。

2. 水稻纹枯病系统调查

水稻纹枯病系统调查时间从水稻分蘖盛期开始到乳熟期,每5天调查1次,蜡熟期进行1次病情指数调查。选择长势比较好的早、中、迟3种类型田的主栽品种各1块。每块田用对角线定2点,每点一般不超过一个发病中心,如果条件允许,在观察点及观察点周围留出大约70平方米为不施药区。

确定好取样点后,每点直线前进调查50丛,共查100丛。隔5丛调查1丛,共查20丛的病株数和总株数。计算病丛率和病株率。蜡熟期对病株进行严重度分级,计算病情指数。

水稻纹枯病分级标准以株为单位,全株无病斑的为0级;基部叶片叶鞘发病的为1级;从顶叶算起,第三叶以下各叶鞘或叶片发病的为2级,第二叶以下各叶鞘或叶片发病的为3级;顶叶叶鞘或顶叶发病的为4级;全株发病枯死的为5级。

3. 稻飞虱系统调查

(1)秧田虫量系统调查

稻飞虱秧田虫量系统调查,应当选择稻飞虱越冬区或常年秧田虫量发生比较大的地区,在当地病虫测报站观察区内进行。调查时间从秧苗3叶期开始到拔秧前结束,每隔5天,每月逢5号和10号调查1次。

稻飞虱的调查方法以调查成虫数量为主,选主要类型秧田3块。采用扫网法随机取样,每块田定10个点。扫网取样的方法是:用直径53厘米的捕虫网来回扫取宽幅为1米、面积为0.5平方米的秧苗,统计捕虫网内的成虫数量,并且折算为每平方米秧苗内的成虫数量,记录调查结果。

(2)本田虫量系统调查

本田虫量系统调查时间在水稻移栽后,从诱测灯下出现第一次成虫高峰后开始，到水稻成熟收割前2~3天结束。选择品种、生育期和长势有代表性的各类型田3~5块，采用平行双行跳跃式取样方法，每点取2丛。

进行稻飞虱本田虫量系统调查时，每块田的取样丛数可根据稻飞虱虫口密度来确定。每丛稻飞虱虫口密度低于5头时，每块田查50~100丛；每丛5~10头时，每块田查30~50丛；每丛大于10头时，每块田查20~30丛。

调查时，用33厘米×45厘米的白搪瓷盆作载体，用水湿润盆内壁，查虫时将盆轻轻插入稻行，下缘紧贴水面稻丛基部，快速拍击植株中下部，连拍3下，每点计数1次，记录各类飞虱的成虫和若虫数量。每次拍查计数后，清洗瓷盆，再进行下次拍查，记录调查结果。

（3）稻飞虱田间卵量系统调查

稻飞虱田间卵量系统调查，双季早稻和双季晚稻在主害代成虫高峰后5~7天各查1次；单季中稻和晚稻在主害代前一代和主害代成虫高峰后5~7天分别各查1次；秧苗每平方米成虫数量超过5头时，移栽前3天进行1次卵量调查。

稻飞虱田间卵量系统调查的方法是在观测区内选择不同类型的田块，采用平行跳跃式取样方法，每点取1~2丛，每丛拔取分蘖1株，主害代前一代取50株，主害代取20株。秧田采用棋盘式取样10点，每点查10株。

将取样稻株带回室内，镜检剖查卵条和卵粒，记录未孵化有效卵粒数、寄生卵粒数、孵化卵粒数及卵胚胎发育进度，记录所有的调查结果。

（4）稻飞虱为害状况调查

对稻飞虱为害状况的调查就是对冒穿状况的调查。当田间稻飞虱数量达到一定程度时，受害水稻基部茎秆变软、倒秆枯死，在田间形成塌陷的坑，或成片倒塌枯黄，称为冒穿，也称为穿顶或塌秆。

稻飞虱为害状况调查，应当在各类水稻黄熟期前2~3天进行，采用大面积巡视目测法，记录调查区内有冒穿出现的田块数和面积，折合成净

冒穿面积，计算其占调查区田块数和面积的百分比，记录调查结果。

三 作物产量测定

作物产量测定简称“测产”，分为理论测产和实收测产两种方式。

测产一般由3~5人组成测定小组，提前准备好测定工具和记录设备，包括卷尺、天平或盘秤、种子袋、标签、镰刀、脱粒机、绳子、计算器、记录笔、记录本等。

1. 水稻测产技术

水稻的产量结构是由单位面积上的穗数、每穗粒数、结实率、千粒重四个因素构成的。

水稻测产第一步，测定每亩穗数。采用5点取样法取样，样点要求离地头5米以上。首先测定每亩穴数。机插秧、手栽秧田块，数出21行，测出20个行距之间的总长，除以50得出行距。每点量51穴长度，除以50得出株距。根据行距、株距计算出每亩穴数。其次测定每穴穗数，在选定的5点中，每点数代表性的50穴，全田数250穴的穗数，求得的平均数就是每穴穗数。以每亩穴数与每穴穗数相乘可得出每亩穗数。

第二步，测定每穗粒数。在测定穗数的同时，每样点数取1~5穴，共5~25穴有代表性的植株，分样点扎好，挂上标签，标签上应当注明田块名、品种、取样日期、取样人等。将样株带回室内，计数每穗总粒数，求出平均值。如果不需要进一步考查植株性状，可以在田间直接计数。

第三步，测定结实率。蜡熟期及蜡熟期前测产的，结实率按常年计算；成熟期测产的，在每穗总粒数测定的同时，数出每穗实粒数，用结实粒数除以总粒数求出结实率。

第四步，测定千粒重。把样点的样株脱粒、晒干、充分混匀，随机取1000粒的种子4份，分别称重，求出平均值。如果在田间直接计数每穗实粒数的，可以用常年千粒重。

第五步，计算产量。理论产量的计算公式：理论产量（千克/亩）=每亩穗数×每穗平均粒数×结实率×千粒重（克）$\times 10^{-6}$。

2. 小麦测产技术

小麦一般在籽粒乳熟中期以后进行测产。如果种植面积比较大，地块比较多，或者对较大的种植区进行测产，可以将麦田按长势、品种等情况进行分类，然后取代表性的地块进行测产。根据样田面积的大小、小麦长势的整齐度等，采用对角线取5点或均匀取10点。对生长整齐一致的麦田可以少取几个点，对生长不一致的麦田可以增加取样点。

样段的选取应当根据小麦的播种方式及生长均匀度来决定。在条播情况下，一般在田间样点上取一定长度的若干行进行测量；撒播田则量一定的长和宽，计算出面积来测量。选测量地块的平均行距，然后根据行距计算出要取的样段的行长和行数。

为了提高测产准确性，可以以倍数延长样段长度和取样行数。一般样段长度不短于万分之一长的2倍，样段行数应当不少于2行。

在确定样段长度和行数后，计数样点内的全部穗数，穗粒数在3粒以下的不计；然后从全部穗数中随机抽取代表性的20~30穗，计数总粒数，并换算成每穗平均粒数。将误差低于5%的各样点数值取平均值，求得整个地块的穗数和平均每穗粒数。这样就获取了测产中的穗数和穗粒数这两个关键数据。

计算产量时，单位面积穗数和每穗粒数以实际数值为计算量。千粒重以这个品种常年平均千粒重计算。产量计算公式：估测产量（千克/亩）=每亩穗数×每穗平均粒数×结实率×千粒重（克）$\times 10^{-6}$。这样，我们就可以比较准确地计算出每亩麦田的产量了。

至此，农艺工必备技术全部内容就介绍完了，相信通过学习并结合生产实践，掌握各级农艺工所要求的理论知识和专业技能并不是难事。